# Pythonと実例で学ぶ機械学習
# 識別・予測・異常検知

福井 健一 [著] Ken-ichi Fukui

本書に掲載されている会社名・製品名は，一般に各社の登録商標または商標です．

本書を発行するにあたって，内容に誤りのないようできる限りの注意を払いましたが，本書の内容を適用した結果生じたこと，また，適用できなかった結果について，著者，出版社とも一切の責任を負いませんのでご了承ください．

本書は，「著作権法」によって，著作権等の権利が保護されている著作物です．本書の複製権・翻訳権・上映権・譲渡権・公衆送信権（送信可能化権を含む）は著作権者が保有しています．本書の全部または一部につき，無断で転載，複写複製，電子的装置への入力等をされると，著作権等の権利侵害となる場合があります．また，代行業者等の第三者によるスキャンやデジタル化は，たとえ個人や家庭内での利用であっても著作権法上認められておりませんので，ご注意ください．

本書の無断複写は，著作権法上の制限事項を除き，禁じられています．本書の複写複製を希望される場合は，そのつど事前に下記へ連絡して許諾を得てください．

(社)出版者著作権管理機構
(電話 03-3513-6969，FAX 03-3513-6979，e-mail: info@jcopy.or.jp)

JCOPY ＜(社)出版者著作権管理機構 委託出版物＞

# はじめに

　いまや空前の機械学習世代にいるといえます．牽引しているのはディープラーニング（深層学習）ですが，画像認識では既に人よりも高い認識精度を達成していますし，2016年には囲碁でも人のチャンピオンに勝利しました．機械学習のとりわけ「識別」に関しては技術的には成熟期に入り，学術界全体として一定のノウハウが蓄積されてきているといえます．さらに，本書でも取り上げる Python の scikit-learn などの機械学習ライブラリの充実により，以前よりはるかにハードルが下がりました．

　このような背景のもと，学術界では，これまで機械学習がほとんど試みられていなかった領域においても注目されるようになり，産業界でもさまざまな業種・分野で業務の改善や自動化などにおいて，機械学習の利活用が活発化しています．しかし一方で，機械学習を理解して使いこなせる人材，いわゆる AI 技術者人材は国内で数万人規模で不足していると推計されており，人材育成が急務となっています．

　そのような急速な状況の変化に対応するには国レベルの施策が必要であり，安倍総理の指示により 2016 年 4 月に人工知能技術戦略会議が創設されました．そして 2016 年 7 月に人材育成タスクフォースが設けられ，AI 技術者人材の育成に向けて現状の把握，求められる人材像，必要な知識や技能の整理，人材育成のための施策について議論がなされ，その最終報告書が 2017 年 3 月にまとめられています（文献 [2]）．そこでは，産業化ロー

ドマップを具体的に実現するための担い手として

1. 人工知能技術の問題解決：AIに関する知識，価値ある問題を見つけ，定式化し，解決の道筋を示す能力
2. 人工知能技術の具現化：コンピュータサイエンスの知識，プログラミング技術
3. 人工知能技術の活用：具体的な社会課題に適用する能力

の必要性が提示されています．1.は新しい人工知能の研究開発ができる人材を指しており，情報系大学院修了以上に相当します．本書は2.の人工知能技術の具現化を基礎として，3.の人工知能技術の活用への橋渡しを目標として執筆しました．

　筆者も企業独自の講座や，国の人材育成プログラム，業者が開催するセミナーなどでの講義を依頼されることが多くなりました．そのような状況のなか，出版社から今回の企画のお話をいただきました．当初は代表的な機械学習手法の基礎を説明した基礎編と，そのPython実装例を示した実践編の2部構成を考えました．しかし基礎編は，いまや書店に良書が数多く並び，同じような内容を記載するのはあまり意味がないと考え，本書では実装例と実例を中心に構成しました．

　急速な状況の変化から人材不足もあり，Pythonはもとよりプログラミングの経験や数学の背景知識が少ない方でも，業務や研究開発上必要に迫られて機械学習の勉強を始めました，という話を多く聞いています．ライブラリが充実して以前よりはハードルが低くなったとはいえ，ある程度の背景知識やプログラミングに関する基礎知識は必要です．本書はそのようなギャップを埋めることを目標に据え，「習うより慣れよ」の精神でソースコードの解説を中心に置く形で，それを理解するのに必要な最低限の各学習手法の概念とプログラミングの説明を行うように心掛けました．そのためソースコードにはコメントを多く付けて，さらに本文でもコードに関してなるべく平易な説明を加えるようにしています．Pythonの使用経験がな

くても，JavaやC言語の使用経験が少しあるような方を想定して執筆しています．それでいて，機械学習を利用する際に気を付けるべき点を押さえられるように構成しています．

　本書前半では著者が各種講義の演習教材に使用したサンプルプログラムの一部を用いて，代表的な機械学習手法（おもに識別器）の利用方法をみていきます．後半は実問題への適用例を著者の研究経験から抜粋もしくは本書用に再構成しています．本書が読者の皆さまの一助となり，機械学習の利用促進に少しでも役に立てたら幸いです．

2018年10月

福井健一

# 目 次

## 第 1 章 機械学習とはなにか　　1

- 1.1 機械学習とは …………………………………………… 1
- 1.2 機械学習を取り巻く環境の変化 ……………………… 3
- 1.3 本書について …………………………………………… 4
- 1.4 機械学習に関する書籍について ……………………… 6
- 1.5 機械学習の分類 ………………………………………… 7
- 1.6 機械学習の流れ ………………………………………… 9
- 1.7 $k$ 近傍法による識別 …………………………………… 11

## 第 2 章 基本的な識別器・予測器　　21

- 2.1 決定木学習 ……………………………………………… 21
- 2.2 ナイーブベイズ分類器 ………………………………… 29
- 2.3 ロジスティック回帰 …………………………………… 39
- 2.4 多層パーセプトロン …………………………………… 51
- 2.5 サポートベクタマシン ………………………………… 57
- 2.6 線形回帰 ………………………………………………… 65
- 2.7 ディープラーニング …………………………………… 71

## 第3章 機器の振動データに対する異常検知　　87

   3.1　異常検知問題 ………………………………………………… 87
   3.2　異常検知の評価方法 ………………………………………… 88
   3.3　代表的な異常検知法 ………………………………………… 89
   3.4　機器の異常検知の適用例 …………………………………… 93
   3.5　特徴抽出 ……………………………………………………… 94
   3.6　各異常検知法の適用 ………………………………………… 94
   3.7　まとめ ………………………………………………………… 108
   3.8　本章で用いたソースコード一覧 …………………………… 108

## 第4章 系列データの解析　　121

   4.1　睡眠のデータ ………………………………………………… 122
   4.2　隠れマルコフモデルによる睡眠の良否判別 ……………… 123

   参考文献 …………………………………………………………… 139
   索　引 ……………………………………………………………… 143

# 第1章
# 機械学習とはなにか

　本章では，機械学習がどういったことを行っているのか，機械学習を取り巻く環境の変化，機械学習の大まかな処理の流れについて概観します．そして最後に $k$ 近傍法による識別のサンプルプログラムの解説を通じて，Python の機械学習ライブラリ scikit-learn の典型的な使い方を示します．プログラムにはなるべく多くのコメントを付けています．それぞれのかたまりでなにを行っているのかについては，本文中で説明しています．

## 1.1　機械学習とは

　**機械学習**（Machine Learning）とはなんだろうか，その疑問に一言で答えると「コンピュータに学習能力をもたせるための技術全般のこと」です．学習とは平たくいえば，過去の経験に基づいて物事をうまくこなす能力のことです．たとえば，キャッチボールを繰り返し練習することでボールの軌跡を予測してうまくボールをキャッチできるようになるといった具合です．機械学習は医療診断，推薦システム，スパムフィルタ，金融市場の予測，DNA 配列の分類，画像・音声認識や文字認識などのパターン認識，将

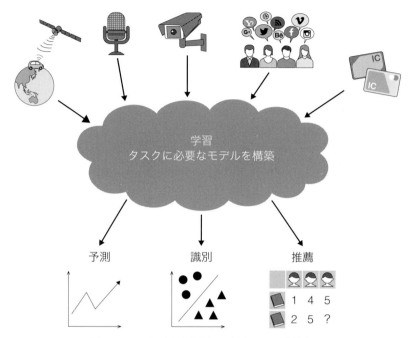

**図 1.1** さまざまな領域で活用される機械学習

棋などのゲーム，最近では自動運転など幅広い分野で用いられています（**図 1.1**）．現在の機械学習は，特に識別や予測のタスクに威力を発揮します．

　現在さまざまな分野で注目される機械学習ですが，その歴史は意外と古く，1959年，アメリカの計算機科学者であるアーサー・サミュエルは「明示的にプログラミングしなくても学習する能力をコンピュータに与える研究領域」と表現しました．たとえば，数字の昇順・降順の並び替え問題のようにある決まったアルゴリズムで解が得られる場合は，そのアルゴリズムを明示的にプログラミングすることができます．しかし，画像から個体差のある犬や猫を識別するアルゴリズムは明確ではありませんので，明示的なプログラミングは困難です．そこで，**学習データ**からその特徴を捉えて，分類や予測を行うためのモデルをコンピュータ内に構築する技術が機械学習です．もう少し形式的に表現すると，アメリカの人工知能学者であ

るトム・M・ミッチェルは,「コンピュータプログラムが経験 E から学習するとは,あるタスク T と与えられた評価尺度 P において,経験 E によって評価尺度 P の値が改善されること」(文献 [6]) と表現しました.つまり,学習データを用いて分類や予測などの性能を向上させることができる,ということです.

## 1.2　機械学習を取り巻く環境の変化

　近年の計算機・通信環境の発展,センサ機器の小型化・低コスト化,スマートフォンに代表される携帯端末の普及により,日々膨大な電子データが蓄積される時代になりました.近年,機械学習が注目されている理由として,確率・統計に基づいた機械学習の理論や技術的な発展とともに,上述のような計算機・通信環境の発展から従来は処理しきれなかった計算量の問題や学習データの不足が解消されるようになったことが大きいとされています.つまり,機械学習が実際に活用できる環境が整ってきたといえます.2013 年ごろから機械学習,とりわけ**ディープラーニング(深層学習)**が牽引役となり,現在では人工知能第三次ブームといわれています.

　また,人工知能と合わせて近年注目されているプログラミング言語である **Python** の **scikit-learn** というライブラリには,さまざまな機械学習アルゴリズムや機械学習の一連のプロセスを支援する機能が,使いやすい粒度でモジュール化されています.Python の平易な構文やグラフプロットの容易さとともに,**Jupyter Notebook**(図 1.2)というプログラムと実行結果が逐次残るかたちの作業環境の存在も昨今の人気に寄与していると考えられます.Jupyter Notebook は試行錯誤を要するデータ解析や機械学習の実践に適しており,利用が広まっています.従来,機械学習のアプリケーションには統計解析ソフトである **R**[*1] や GUI が充実した Weka[*2] など

---

[*1] https://www.r-project.org
[*2] https://www.cs.waikato.ac.nz/ml/weka/

図 1.2　Jupyter Notebook の画面

がありましたが，Python，scikit-learn，Jupyter Notebook などの登場により，さらに入門のハードルは下がったといえるでしょう．

## 1.3　本書について

　昨今では機械学習に関する入門書から高度な内容の専門書まで，日本語で書かれた書籍が多数出版されています．本書では，機械学習の理論的な背景や詳しいアルゴリズムに関してはほかの書籍に譲るとして，これから機械学習の活用を考えている技術者の方や勉強を始めて間もない大学生，大学院生の方々がライブラリを使って一通り機械学習のプロセスを回すためにはどのように実装したらよいのか，またどういった点に気を付けたらよいのか，概観を与えるものとして解説します．Python の構文については，本書を理解する上で最低限必要な部分のみ随時説明を加えます．本書の前半は，機械学習の基本的な識別器や予測器について使用例をそれぞれ示していきます．そして，後半はより実践的な内容として，機械の振動データと睡眠データに対する適用例を示します．

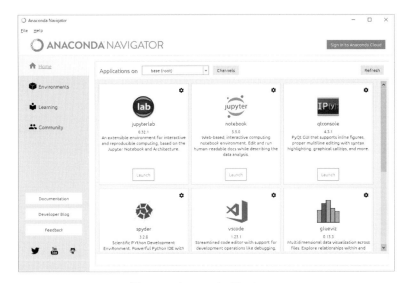

**図 1.3** Anaconda Navigator

なお，本書のプログラムは，Python 3.6.4，scikit-learn 0.19.1，numpy 1.14.2，pandas 0.22，scipy 1.0.0，keras 2.1.6，tensorflow 1.9.0 を使用して確認しています．Python はさまざまなライブラリが充実していて便利な反面，相互の依存関係も強いため **Anaconda**（図 1.3）というパッケージをインストールすると便利です．Anaconda の Python バージョン 3.6 以上をインストールすれば，本書に必要なライブラリをインストールできます．Anaconda は次の Web サイトから入手できます．

```
https://www.anaconda.com
```

ただし，Keras と Tensorflow は追加でインストールする必要があります．まず Anaconda Navigator を起動して画面左側のメニューから Environments を選択します．そしてプルダウンメニューから All を選択した後（図 1.4），検索窓から keras もしくは tensorflow を検索します．最後にインストールするパッケージにチェックを入れて Apply でインストールできます．

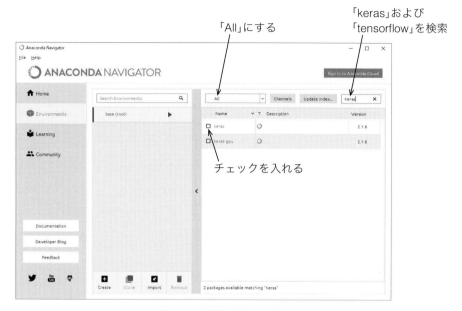

図 1.4　追加でインストール

## 1.4　機械学習に関する書籍について

　ここでは本書を読むにあたっての基礎編となる本，あるいは本書の次に読むべき本を紹介します．本書につまずいたとき，本書を読み終えたあと，さらなる知識を学ぼうとするときの参考としてください．

　まず，機械学習全般の入門書としては文献 [9] や文献 [28] をおすすめします[*3]．本書の前半の内容もこれらの書籍を参考にしています．特に文献 [9] は広大な機械学習の分野を最低限必要な理論的背景と，Python と Weka による実装例がバランスよく構成されているため，全体を俯瞰することに適していると思われます．一方，文献 [28] はより実践的な TIPS を多く含んでいます．ほかにもわかりやすい入門書が増えてきており，たとえば文献

---

[*3] 参考文献は本書の巻末にまとめて掲載しています．

[33, 21, 11, 25, 30, 27] などがあります．なかなか数式の理解が難しいという方や，さらっと概念だけ理解したいという方は文献 [22] などがよいかもしれません．また，実装の実例をみたい方には文献 [31] などがあります．

上記は機械学習全般に関する入門書ですが，さらに個別技術に関して詳しく知りたい場合は，『機械学習プロフェッショナルシリーズ』や続編の『機械学習スタートアップシリーズ』などがあります．たとえば，本書でも扱う異常検知なら文献 [17] が大変よくまとまっています．さらに，機械学習全般のより高度な内容としては文献 [26, 29] がありますが，これらは専門の研究者向けです．また機械学習はパターン認識と被る部分も多いため，文献 [14, 15, 34] なども理論背景がていねいに解説されています．

## 1.5 機械学習の分類

機械学習を大きく分けると，**教師あり学習**（Supervised Learning）と**教師なし学習**（Unsupervised Learning）に分類されます．

**教師あり学習** ここで教師とは目標とするタスク（識別や予測）において正解となる情報のことで，人が与える必要があることが多いです．たとえば，画像に対して付けられた猫や犬といったクラス（タグ）が教師情報になります．教師あり学習の目標は，**図 1.5**（図は識別の場合です）のようにリンゴやみかんの観測値から「リンゴ」や「みかん」のクラスを識別する規則（関数）を学習データから得ることです．いったん規則が学習できれば新しい観測データに関して，観測値から「リンゴ」や「みかん」のクラスを推定することができます．おもな教師あり学習のタスクとしては，クラス分けを行う識別（分類）問題や出力値を予測する回帰問題があります．識別問題は画像を入力として犬や猫といったクラスに分類するといった問題です．一方，回帰問題は気温や湿度といった天候の情報を入力として，そ

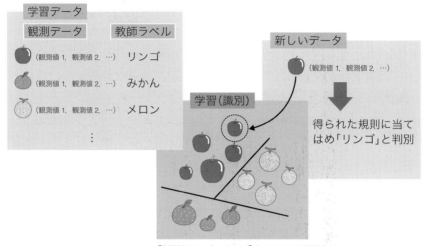

図 1.5 教師あり学習（識別）

の日の売店の売上高を予測するといった問題になります．

**教師なし学習**　教師なし学習は正解となるクラスや出力値を用いずに学習を行う方法で，観測・計測データ全体やその一部分に成り立つ法則性・パターンや類似性を抽出する発見的な方法です．そのため，教師なし学習はデータマイニングによく用いられます．代表的な教師なし学習は**図 1.6**に示すようなクラスタリングで，観測データ同士の類似性に基づいて，データを類似する部分集合に分ける問題です．正解となる教師情報がないため，一般に結果のよさを定量的に評価することが難しいですが，クラスタリングの妥当性指標はいくつかあります．

上記の二つ以外にも，集めやすい教師なしデータを教師あり学習の補助として活用する**半教師あり学習**（Semi-Supervised Learning）や，環境との相互作用のあるなかでオンラインに学習を行う**強化学習**（Reinforcement Learning）などがあります．

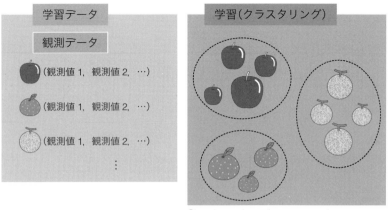

図 1.6　教師なし学習（クラスタリング）

　また，現在ではさまざまな構成のディープラーニングが登場しています．よくある構成のディープラーニングでは，教師なし学習で特徴抽出を行い，その後，教師あり学習で識別器のファインチューニングを行うことで，深い層の学習を可能にしています．

## 1.6　機械学習の流れ

　機械学習のおもなタスクである識別について，大まかな処理の流れをみていきます．ここでは**図 1.7**に示すような加速度や心拍からそのときの行動（バス，徒歩，自転車による移動）を識別する問題を考えてみましょう．
　計測データは加速度と心拍ですが，まずここから，なんらかの特徴量を抽出します．たとえば，加速度データからは最大加速度や各周波数帯の平均パワー，心拍からはR-R間隔（ピークの間隔）など複数の**特徴量**を算出し，それらをまとめて**特徴ベクトル**とします．
　そして，識別器を学習するなにかしらの機械学習のアルゴリズムは，この特徴ベクトルを入力データ $\mathbf{x}$，入力に対応する行動の分類結果（バス，徒

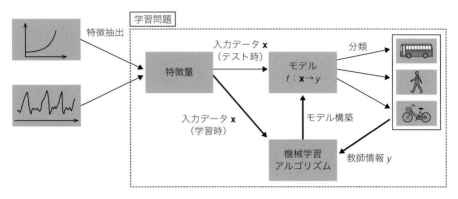

**図 1.7** 機械学習（識別）の大まかな流れ

歩，自転車による移動）を教師情報 $y$ として，入力（特徴ベクトル）$\mathbf{x}$ から出力（行動）$y$ に写像する関数 $f$ をモデル化します．

図 1.7 の破線のなかの太い矢印部分が学習問題です．機械学習の出力と正解の教師情報とのずれを定量化し（損失関数もしくは誤差関数と呼ばれます），最小化するように機械学習モデルのパラメータを調整して学習を行います．そして，いったんモデルが構築されれば，太い矢印部分は不要になり，モデルを通して識別の結果を得ることができるようになります．

一般に機械学習モデルの自由度が高ければ，**訓練データ（学習データ**とも呼ばれます）に対して性能を上げることは比較的容易にできますが，その訓練データに特化して適合し過ぎてしまうことがあります．この状態を**過剰適合（Overfitting）**もしくは**過学習**といいます．たとえば，**図 1.8**(a) の場合，学習データに対して 100%識別できています．しかし本来の目的は，学習に用いていない**未知データ（テストデータ**とも呼ばれます）に対してよい性能を出すことであり，一般に図 (b) のような単純なモデルのほうが性能がよいことが知られています．これを**汎化性能**といいます．したがって，有限の学習データからいかに過剰適合を抑えて未知データに対する性能を上げるかが鍵になってきます．しかし，当然ながらいつでも線形なモデルがよい訳ではなく，対象の複雑度に応じて適切にモデルの複雑度

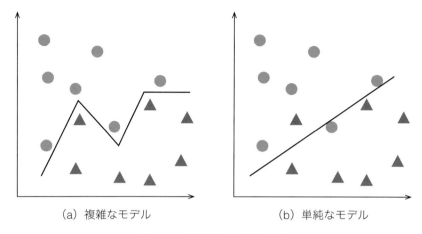

**図 1.8** 過剰適合と汎化性能

を調節することが重要になります．

なお，本書で扱うサンプルプログラムでは，特徴抽出後（もしくは特徴抽出を行うまでもない単純な計測値）の特徴ベクトルを入力としています．実問題を扱う場合，多くの場合はタスクに対応する適切な特徴量を算出できるかどうかが鍵になってきます．しかし，特徴抽出は対象依存となるため本書では扱っていません．

また最近のディープラーニングは，人手により特徴抽出を行わなくても生（raw）の信号から高精度な学習が可能になったことで一躍有名になりました．機械学習の内部で，特徴の表現が得られるので**表現学習（Representation Learning）**と呼ばれています．ただし，本稿執筆時点では，表現学習は画像や音声のような時空間で密なデータが大量に存在する場合にのみうまく機能します．

## 1.7　$k$ 近傍法による識別

本節では，$k$ 近傍法（$k$-Nearest Neighbor：$k$-NN）と呼ばれる識別器の

例を通じて機械学習の一連のプロセスをみていきます．$k$ 近傍法は自身の
データからみて $k$ 個近傍の学習データを参照して，それら $k$ 個のクラスラ
ベルの (重み付き) 多数決によりクラスを決定する識別方法です．**図 1.9** は
$k = 3$ のときの $k$ 近傍法による識別の概念図です．識別したい新規のデー
タが四角形の点 (■) で表した特徴量をもっていたとして，そこからみて
近傍の 3 点を参照し多数決をとります．この例の場合では● が二つと▲が
一つですので■の新規データのクラスは● と識別します．このように $k$ 近
傍法は学習のモデルはつくらないため学習データを常に保持する必要があ
り，テスト時にも計算コストが高い方法です．

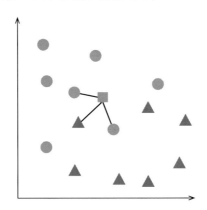

**図 1.9** $k$ 近傍法 ($k = 3$) による識別

本節で扱うサンプルプログラムでは，アヤメ科植物アイリスの計測デー
タ (Iris データ) を用います．この Iris データは昔からベンチマーク用の
データとしてよく用いられています．基本的な統計情報を以下に示します．

- サンプル数：150
- 特徴量数：4 (がく片の長さ，がく片の幅，花びらの長さ，花びらの幅)
- クラス数：3 (各 50 サンプル)

ここでクラスは，3 種類のアイリス「setosa」「versicolor」「virginic」に

なります．

　scikit-learn の使い方は，以下に示す scikit-learn.org にある API リファレンスが充実しています．

```
http://scikit-learn.org/stable/modules/classes.html
```

　scikit-learn に用意されている関数，変数，引数の一覧とともに使用例も書かれています．たとえば，Iris データは scikit-learn にはじめから付属しており，読み込みには `sklearn.datasets.load_iris` という関数が用意されています．ただし，scikit-learn は，バージョンによってモジュールの場所が変更になったり，引数が変更されたりしていますので，使用しているscikit-learn のバージョンを確認して API リファレンスを参照したほうがよいでしょう．

　ソースコード 1.1 に $k$ 近傍法によって Iris データの識別を行い，識別境界面を描画するサンプルコードを示します．

**ソースコード 1.1**　$k$ 近傍法による Iris データの識別と識別境界面の描画

```
1  #### 機械学習の基本的なプロセス
2  #### k 近傍法による Iris データの分類と識別面のプロット
3  from sklearn import datasets
4  import numpy as np
5  from matplotlib.colors import ListedColormap
6  import matplotlib.pyplot as plt
7  from sklearn.model_selection import train_test_split
8  from sklearn.preprocessing import StandardScaler
9  from sklearn.neighbors import KNeighborsClassifier
10 from sklearn.metrics import accuracy_score
11
12 # k 近傍法の近傍数パラメータ k
```

```python
neighbors = 5
# テストデータ分割のための乱数のシード（整数値）
random_seed = 1
# テストデータの割合
test_proportion = 0.3
# Iris データセットをロード
iris = datasets.load_iris()
# 使用する特徴の次元を (Iris の場合は 0,1,2,3 から)2 つ指定．d1 と d2
    は異なる次元を指定する
d1 = 0
d2 = 1
# d1,d2 列目の特徴量を使用
X = iris.data[:, [d1, d2]]
# クラスラベルを取得
y = iris.target

# train_test_split() を使用し，データをトレーニングデータとテスト
    データに分割
# test_size:テストデータの割合，random_state: 分割のための乱数生成
    器のシード
X_train, X_test, y_train, y_test =
        train_test_split(X, y, test_size =
        test_proportion, random_state = random_seed)

# 特徴ごとに平均 0，標準偏差 1 に標準化（z スコアとも呼ばれる）
sc = StandardScaler()
sc.fit(X_train)
X_train_std = sc.transform(X_train)
```

## 1.7 k近傍法による識別

```
36  X_test_std = sc.transform(X_test)
37
38  # クラスKNeighborsClassifierを使用してk近傍法のインスタンスknn
    を生成
39  # n_neighbors: 近傍数k
40  knn = KNeighborsClassifier(n_neighbors=neighbors)
41
42  # k近傍法のモデルにトレーニングデータを適合
43  knn.fit(X_train_std, y_train)
44
45  # 分類精度の算出
46  acc_train = accuracy_score(y_train, knn.predict(X_train_std))
47  acc_test  = accuracy_score(y_test, knn.predict(X_test_std))
48  print('k=%d, features=(%d,%d)' % (neighbors, d1, d2))
49  print('accuracy for training data: %f' % acc_train)
50  print('accuracy for test data: %f' % acc_test)
51
52  # 識別境界面をプロット
53  x1_min, x1_max = X_train_std[:, 0].min() - 0.5, \
            X_train_std[:, 0].max() + 0.5
54  x2_min, x2_max = X_train_std[:, 1].min() - 0.5, \
            X_train_std[:, 1].max() + 0.5
55  xx1, xx2 = np.meshgrid(np.arange(x1_min, x1_max, 0.02),
56                          np.arange(x2_min, x2_max, 0.02))
57
58  Z = knn.predict(np.array([xx1.ravel(), xx2.ravel()]).T)
59  Z = Z.reshape(xx1.shape)
60
```

```
61  markers = ('s', 'x', 'o', '^', 'v')
62  colors = ('red', 'blue', 'lightgreen', 'gray', 'cyan')
63  cmap = ListedColormap(colors[:len(np.unique(y))])
64
65  plt.figure(figsize=(10,10))
66  plt.subplot(211)
67
68  plt.contourf(xx1, xx2, Z, alpha=0.5, cmap=cmap)
69  plt.xlim(xx1.min(), xx1.max())
70  plt.ylim(xx2.min(), xx2.max())
71
72  for idx, cl in enumerate(np.unique(y_train)):
73      plt.scatter(x=X_train_std[y_train == cl, 0],
            y=X_train_std[y_train == cl, 1],
74                  alpha=0.8, c=cmap(idx),
75                  marker=markers[idx], label=cl)
76
77  plt.xlabel('sepal length [standardized]')
78  plt.ylabel('sepal width [standardized]')
79  plt.title('train_data')
80
81  plt.subplot(212)
82
83  plt.contourf(xx1, xx2, Z, alpha=0.5, cmap=cmap)
84  plt.xlim(xx1.min(), xx1.max())
85  plt.ylim(xx2.min(), xx2.max())
86
87  for idx, cl in enumerate(np.unique(y_test)):
```

```
88      plt.scatter(x=X_test_std[y_test == cl, 0],
            y=X_test_std[y_test == cl, 1],
89              alpha=0.8, c=cmap(idx),
90              marker=markers[idx], label=cl)
91
92  plt.xlabel('sepal length [standardized]')
93  plt.ylabel('sepal width [standardized]')
94  plt.title('test_data')
95  plt.show()
```

まず，19 行目の datasets.load_iris() で scikit-learn に付属の Iris データを読み込み，24 行目の .data でサンプル数×特徴量数の配列を参照しています．ここで，このプログラムでは識別境界面を 2 次元に描画するため使用する特徴量を d1, d2 の 2 つに限定しています．21, 22 行目で d1, d2 は 0 と 1 を指定していますので，この場合，がく片の長さと幅を使うことになります．24 行目の .data の後の [:, [d1, d2]] は行列でいうところの行と列の開始と終了位置を指定しています．最初と最後の位置は省略可能ですので，":" は行方向にすべて（つまりすべてのデータを）参照しており，[d1, d2] は d1, d2 列のみを参照して X に格納しています．そして，教師情報のクラスラベルは .target で参照することができ，y に格納しています．

次に，学習データとテストデータに分割するのですが，これも便利な関数が用意されています．30 行目では scikit-learn に用意されている関数 train_test_split を用いて，分割しています．引数の test_size はテストデータの割合で，ここでは 17 行目の test_proportion=0.3 として 30%をテストデータとしています．random_state は分割のための乱数シードです．学習結果に対してもう少しきちんと評価する場合は，乱数シードを変えて学習データとテストデータの組を何セットか試して平均的な評価を得ます

が，このサンプルでは一つの乱数シードでのみ実行しています．

33〜36行目は各特徴量に対して**z スコア**と呼ばれる**標準化**を行っています．Iris データの場合はそれほど大きく変わりませんが，特に特徴量ごとに取り得る値の範囲が大きく異なる場合は，なんらかの標準化をする必要があります．z スコアは特徴量ごとに平均値が 0，標準偏差が 1 になるように値を変換します．そのほか，最大値と最小値の差が 1 になるように標準化する方法や特徴量ごとではなくデータ点ごとにすべての特徴量の二乗和が 1 になるように標準化する方法などもあります．z 標準化は scikit-learn に関数が用意されています．まず 33 行目で z 標準化を行うクラス StandardScaler のインスタンス sc を用意しています．34 行目の sc.fit(X_train) で学習データに適合（各特徴量の平均値と標準偏差を求める処理）させて，その結果を使って 35, 36 行目の sc.transform で学習データとテストデータの z スコアへの変換を行っています．

40 行目は，$k$ 近傍法のクラス KNeighborsClassifer のインスタンスを準備しています．引数の n_neighbors は近傍数 $k$ で，サンプルプログラムでは 13 行目に neighbors=5 で指定しています．43 行目の knn.fit(X_train_std, y_train) で z 標準化した学習データに対して適合させています．$k$ 近傍法はほかの機械学習と異なりモデルの学習は行いませんが，ここでは近傍検索のためのインデックスを作成したりしています．

46, 47 行目は学習データとテストデータに対して，正解率（Accuracy）を算出しています．ここでも scikit-learn には accuracy_score という便利な関数が用意されています．引数に正解クラスのリストと予測したクラスのリストを渡すと正解率を算出してくれます．$k$ 近傍法による分類は knn.predict() で得ることができます．ここで正解率は，次のように計算します．簡単のために正例（Positive Examples）と負例（Negative Examples）の 2 クラスとして，まず**表 1.1** に示すような混同行列を考えます．

表 1.1 を用いて正解率（Accuracy）は次のように定義されます．

表 1.1　混同行列

|  | 識別結果が正のクラス | 識別結果が負のクラス |
|---|---|---|
| 正解が正のクラス | True Positive (TP) | False Negative (FN) |
| 正解が負のクラス | False Positive (FP) | True Negative (TN) |

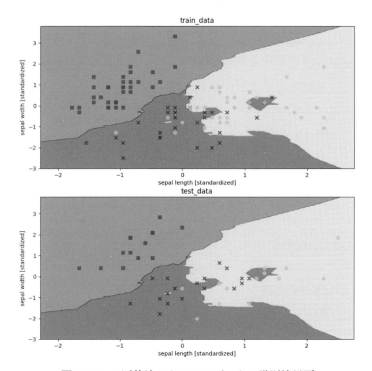

図 1.10　$k$ 近傍法による Iris データの識別境界面

$$\text{Accuracy} = \frac{\text{TP} + \text{TN}}{\text{TP} + \text{FP} + \text{TN} + \text{FN}} \tag{1.1}$$

正解率はすべてのデータのうちで，正しく識別できたデータの数となっていますので，基本的な指標となります．混同行列からは正解率以外にもさまざまな評価指標が計算されますが，後の例で出てきたときに紹介します．このプログラムを実行すると，正解率は

accuracy for training data: 0.857143
accuracy for test data: 0.688889

となります．

　53行目以降は，識別境界面のプロットをしています．$k$近傍法は識別関数を直接求めていませんので，ここでは0.02間隔でメッシュを生成して，すべての格子点に対して$k$近傍法を適用して分類結果を得て，その分類結果に基づいて背景色を付けています．この部分はscikit-learnの使い方とは関係ない部分ですので，プログラムの中身を理解できなくても構いません．描画結果は**図1.10**のようになります．上の図は学習データに対する識別結果で，下の図はテストデータに対する結果です．3クラスあるので3種類の色で分けています．各データ点は正解のクラスに対応する色でプロットしており，背景は$k$近傍法の識別結果によって対応するクラスの色を付けています．ですので，背景の色とデータ点のプロットの色が異なっているデータ点が誤識別していることになります．

　このように，scikit-learnには，機械学習の一連のプロセスをサポートするモジュールが多数用意されています．

# 第2章
# 基本的な識別器・予測器

　本章では，基本的な識別器・予測器について使用例とともに使い方を示していきます．代表的な識別器として決定木学習，ナイーブベイズ分類器，ロジスティック回帰，多層パーセプトロン，サポートベクタマシン，ディープラーニングを取り上げます．それぞれの手法の詳細はここでは説明しませんが，概略をなるべく平易に説明しています．ここでも scikit-learn を用いた利用例をなるべくコメントや豊富な説明を加えるようにしています．さらに各手法の適用例に際して，特徴選択，次元圧縮，パラメータチューニングなどの実践的トピックスも織り交ぜています．

## 2.1　決定木学習

　**決定木**（Dicision Tree）は**分類ルールを木構造で表現したもの**で，ある特徴を分類のための質問項目として選択して，それを繰り返すことで分類ルールを表現しています（**図 2.1**）．この図の例は天候のデータからゴルフをプレイ「する」か「しない」かの2クラスに分類しています．ここで決定木の学習とは，よく分類が行える特徴をいかにして木の上のほうにもって

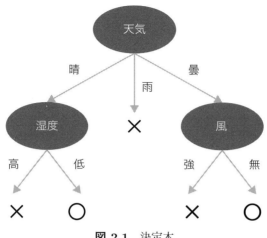

図 2.1 決定木

くるか，ということです．C4.5 という有名な決定木学習のアルゴリズムは，ある特徴で分類したときにどの程度異なる正解ラベルのデータが混じっているか，ということを情報量（**エントロピー**）により計っています．そして，ある特徴で分類する前と後で情報量の差（**情報利得**といいます）が最大になる特徴を分類の質問項目として選択します．この処理を繰り返すことで木構造を構築します．一方，CART というアルゴリズムは情報量基準の代わりに**ジニ係数**をもとに特徴を選択しています．

決定木学習は

- カテゴリ変数と数値変数を混合して扱える
- 木構造により比較的理解しやすい形で結果が出力できる

といった特長があります．決定木をベースとした学習法はランダムフォレストなどありますが，これらは学習結果に可読性のある数少ない手法です．

決定木学習により第 1 章と同じ Iris データを識別する例をソースコード 2.1 に示します．

**ソースコード 2.1** 決定木学習による識別と決定木の描画

```
1   #### 決定木学習による識別と決定木の描画
2   from sklearn import datasets
3   import numpy as np
4   from sklearn.model_selection import train_test_split
5   from sklearn.preprocessing import StandardScaler
6   from sklearn.tree import DecisionTreeClassifier,
        export_graphviz
7   from sklearn.metrics import precision_recall_fscore_support
8
9   # テストデータの割合
10  test_proportion = 0.3
11  # Iris データセットをロード
12  iris = datasets.load_iris()
13  # 特徴ベクトルを取得
14  X = iris.data
15  # クラスラベルを取得
16  y = iris.target
17
18  # 学習データとテストデータに分割
19  X_train, X_test, y_train, y_test =
        train_test_split(X, y, test_size = test_proportion,
        random_state = 1)
20
21  # Z スコアで正規化
22  sc = StandardScaler()
23  sc.fit(X_train)
24  X_train_std = sc.transform(X_train)
```

```
25  X_test_std = sc.transform(X_test)
26
27  # エントロピーを指標とする決定木のインスタンスを生成し，決定木のモ
        デルに学習データを適合させる
28  tree = DecisionTreeClassifier(criterion='entropy',
        max_depth=3)
29  tree.fit(X_train_std, y_train)
30
31  # 学習した決定木を用いて学習データおよびテストデータのクラスを予測
        し，結果を t_train_predicted, y_test_predicted に格納する
32  y_train_predicted = tree.predict(X_train_std)
33  y_test_predicted = tree.predict(X_test_std)
34
35  # テストデータの正解クラスと決定木による予測クラスを出力
36  print("Test Data")
37  print("T Label", y_test)
38  print("P Label", y_test_predicted)
39
40  # 関数 precision_recall_fscore_support を使用して，学習データおよび
        テストデータに対する
41  # precision, recall, F 値の算出し fscore_train, fscore_test に格納
        する
42  fscore_train = precision_recall_fscore_support(y_train,
        y_train_predicted)
43  fscore_test = precision_recall_fscore_support(y_test,
        y_test_predicted)
44
45  # 平均 precision, recall, F 値を算出する
```

```
46  print('Training data')
47  print('Class 0 Precision: %.3f, Recall: %.3f, Fscore: %.3f' %
        (fscore_train[0][0], fscore_train[1][0],
        fscore_train[2][0]))
48  print('Class 1 Precision: %.3f, Recall: %.3f, Fscore: %.3f' %
        (fscore_train[0][1], fscore_train[1][1],
        fscore_train[2][1]))
49  print('Class 2 Precision: %.3f, Recall: %.3f, Fscore: %.3f' %
        (fscore_train[0][2], fscore_train[1][2],
        fscore_train[2][2]))
50  print('Average Precision: %.3f, Recall: %.3f, Fscore: %.3f' %
        (np.average(fscore_train[0]), np.average(fscore_train[1]),
        np.average(fscore_train[2])))
51
52  print('Test data')
53  print('Class 0 Precision: %.3f, Recall: %.3f, Fscore: %.3f' %
        (fscore_test[0][0], fscore_test[1][0], fscore_test[2][0]))
54  print('Class 1 Precision: %.3f, Recall: %.3f, Fscore: %.3f' %
        (fscore_test[0][1], fscore_test[1][1], fscore_test[2][1]))
55  print('Class 2 Precision: %.3f, Recall: %.3f, Fscore: %.3f' %
        (fscore_test[0][2], fscore_test[1][2], fscore_test[2][2]))
56  print('Average Precision: %.3f, Recall: %.3f, Fscore: %.3f' %
        (np.average(fscore_test[0]), np.average(fscore_test[1]),
        np.average(fscore_test[2])))
57
58  # 学習した決定木モデルを Graphviz 形式で出力
59  # 出力された tree.dot ファイルは，別途 Graphviz(gvedit) から開くこと
        で木構造を描画できる
```

```
60  # コマンドラインの場合は，'dot -T png tree.dot -o tree.png'
61  export_graphviz(tree, out_file='tree.dot',
        feature_names=['Sepal length', 'Sepal width',
        'Petal length', 'Petal width'])
62  print("tree.dot file is generated")
```

25 行目までは 1 章の例と同じ処理をしていますが，今回は四つのすべての特徴量を用いています．28 行目で決定木学習を行うクラス DecisionTreeClassifier のインスタンスを生成し，29 行目で学習データに適合させています．このサンプルでは DecisionTreeClassifier の引数として，エントロピーを特徴の選択基準に用いることを指定しています．また，max_depth は生成する木の最大深さを指定しています．そして，fit() で学習データを用いてエントロピーに基づいて分類のための決定木を得ています．

32，33 行目で fit() で学習した決定木を学習データおよびテストデータに適用して分類結果を得ています．そして，37，38 行目でテストデータに対する正解クラスと決定木によって識別した予測クラスのリストを出力しています．実行すると以下のように表示されます．

Test Data
T Label [0 1 1 0 2 1 2 0 0 2 1 0 2 1 1 0 1 1 0 0 1 1 **1** 0 2 1 0 0 1 2 1 2 1
2 2 0 1 0 1 2 2 0 **2** 2 1]
P Label [0 1 1 0 2 1 2 0 0 2 1 0 2 1 1 0 1 1 0 0 1 1 **2** 0 2 1 0 0 1 2 1 2 1
2 2 0 1 0 1 2 2 0 **1** 2 1]

この場合，太字で示した二つのデータのみ誤分類していることになります．

42，43 行目は学習データとテストデータに対して，精度 (Precision)，再

現率（Recall），$F$ 値（$F$-score，もしくは $F_1$）を算出しています．表 1.1 に示した混同行列を用いて，それぞれ次のように定義されます．

$$\text{Precision} = \frac{\text{TP}}{\text{TP} + \text{FP}} \tag{2.1}$$

$$\text{Recall} = \frac{\text{TP}}{\text{TP} + \text{FN}} \tag{2.2}$$

$$F_1 = \frac{2\text{Precision} \cdot \text{Recall}}{\text{Recall} + \text{Precision}} \tag{2.3}$$

Iris データは各クラス 50 サンプルずつで均等ですが，たとえばクラス 1 が 90 サンプル，クラス 2 が 10 サンプルのように元々のデータ数に偏りがある場合，クラス 1 のデータをすべて正しく識別できればクラス 2 がすべて不正解だったとしても正答率としては 90% となってしまいます．このようにデータ数に偏りがある場合，クラスごとに精度・再現率・$F$ 値を算出して，全クラスの平均精度・平均再現率・平均 $F$ 値で全体を評価することで少数クラスも平等に評価することができます．結果は精度・再現率・$F$ 値×クラスの 2 次元配列で出力され，このサンプルプログラムでは学習データとテストデータについて fscore_train と fscore_test に結果を格納して，53 行目から 56 行目で表示しています．50 行目は numpy という数値計算モジュールを用いて全クラスの平均精度・平均再現率・平均 $F$ 値を算出しています．実行すると次のように表示されます．

Training data

Class 0 Precision: 1.000, Recall: 1.000, Fscore: 1.000

Class 1 Precision: 1.000, Recall: 0.938, Fscore: 0.968

Class 2 Precision: 0.949, Recall: 1.000, Fscore: 0.974

Average Precision: 0.983, Recall: 0.979, Fscore: 0.980

Test data

Class 0 Precision: 1.000, Recall: 1.000, Fscore: 1.000

Class 1 Precision: 0.944, Recall: 0.944, Fscore: 0.944

Class 2 Precision: 0.923, Recall: 0.923, Fscore: 0.923
Average Precision: 0.956, Recall: 0.956, Fscore: 0.956

scikit-learn 自体には学習した決定木を描画する機能は備わっていませんが，Graphviz（https://www.graphviz.org）という別のグラフ描画ソフトウェアに読み込み可能な形式のファイルを出力する関数 export_graphviz() が用意されています．このサンプルプログラムを実行すると tree.dot というファイルが生成されるので，Graphviz を立ち上げて tree.dot ファイルを開くか，もしくはコマンドラインで

$ dot -T png tree.dot -o tree.png

として実行すると，図 2.2 のような決定木の画像ファイルが生成されます．

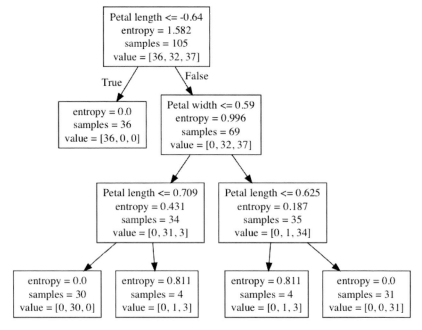

図 2.2　Iris データの決定木

図 2.2 は，まず標準化した花びらの長さ（Petal length）の値が $-0.64$ 以下であれば，左側に分類され，そうでなければ右側に分類されます（z スコアで標準化しているため，マイナスも取り得ます）．左側のノードには学習データ 105 サンプルのうち 36 サンプルが分類され，value=[36,0,0] となっています．ここで，value=[クラス 0 の数，クラス 1 の数，クラス 2 の数] です．つまりすべてクラス 0 のデータであったためエントロピー（entropy）は 0 となり，これ以上分割はされていません．ここでエントロピーは乱雑さを表す指標で，すべて同じクラスであれば 0，逆に均等割りのときに最大となります．一方，右側の子ノードは残りのクラス 1 とクラス 2 の 69 サンプルが分類されています．さらにこれらのサンプルに対して標準化した花びらの幅（Petal width）の値が 0.59 以下かどうかによって左右の子ノードに分かれ，同様に繰り返して，エントロピーが 0（すべて同じクラスのサンプル）となるか，もしくは指定された最大深さ（今回の場合は 3）になるまでノードが追加されています．

このように決定木学習器は，分類に有効な特徴をもとにデータを分岐させる形で木構造の分類器を構築するため，分類の根拠の提示が容易にできます．

## 2.2 ナイーブベイズ分類器

**ナイーブベイズ分類器**（Naive Bayes Classifier）は，各特徴の独立性を仮定して**事後確率を最大化するクラスに分類する**統計的な識別器です．話を簡単にするため，以下ではデータ点 $\mathbf{x}$ は $\mathbf{x}$ =(気温='高い', 天気='晴れ', 湿度='低い')，ターゲットは $y$ ='ゴルフをする' といったようにカテゴリ変数を想定して説明します．

**事後確率** $p(w|\mathbf{x})$ とは，データ点 $\mathbf{x}$ を観測したもとで，それがクラス $w$ である確率を条件付き確率で表現したものです．**最大事後確率**（Maximum a Posteriori：MAP）**推定**は，たとえば (気温='高い', 天気='晴れ', 湿度='低

い') を観測したら，'ゴルフをする' と 'ゴルフをしない' に対する事後確率を計算して高いほうをその観測データに対応するクラスに分類するという規則です．

最大事後確率推定は**ベイズの定理**から，$p(w|\mathbf{x})p(w)$ の形で書くことができます．ここで $p(w|\mathbf{x})$ は**尤度**と呼ばれ，データ点 $\mathbf{x}$ のクラス $w$ に対する尤もらしさを表します．一方，**事前確率** $p(w)$ は各クラスの生成確率です．これは学習データから単純に 'ゴルフをする'，'ゴルフをしない' の割合で推計してもいいですし，設計者が指定してもいいです．事前確率でもともと 'ゴルフをする' 確率が高いかどうかを考慮しています．

尤度の計算は真面目に計算するとすべての特徴の組合せが必要になり，有限のサンプルから計算するのは困難になります．そこでナイーブベイズ分類器では，各特徴は独立して生成されているものと単純化して，尤度は各特徴の出現確率の積で求めています．各特徴の尤度はたとえば，学習データの中で 'ゴルフをする' でかつ気温='高い' となる観測データの割合で推計します．

また，ナイーブベイズ分類器は数値特徴にも適用できますが，その場合はなんらかの統計モデルを仮定します．たとえば，正規分布を仮定して各クラスごとに気温の平均と標準偏差のパラメータを求めて，新しいデータに対してはその正規分布に対する当てはまり度合いを計算します．

先の例に示した，天候とゴルフプレイに関するデータに対して，ナイーブベイズ分類器で識別を行う例をソースコード 2.2 に示します．

**ソースコード 2.2** ナイーブベイズ分類器による識別と ROC 曲線による評価

```
#### ナイーブベイズ分類器による識別と ROC,AUC による評価
#### 天候とゴルフプレイのラベル特徴データを使用
import numpy as np
from sklearn.preprocessing import LabelEncoder,OneHotEncoder
```

## 2.2 ナイーブベイズ分類器

```
 5  from scipy.io import arff
 6  from sklearn.model_selection import LeaveOneOut
 7  from sklearn.metrics import roc_curve,auc,roc_auc_score
 8  import matplotlib.pyplot as plt
 9  from sklearn.naive_bayes import BernoulliNB
10
11  # arff データの読み込み
12  f = open("weather.nominal.arff", "r", encoding="utf-8")
13  data, meta = arff.loadarff(f)
14
15  # ラベルエンコーダの設定
16  le = [LabelEncoder(), LabelEncoder(), LabelEncoder(),
           LabelEncoder(),LabelEncoder()]
17  for idx,attr in enumerate(meta):
18      le[idx].fit(list(meta._attributes[attr][1]))
19
20  class_array = np.array([])
21  feature_array = np.zeros((0,4))
22
23  # LabelEncoder を使ってラベル特徴を数値に変換
24  # 例えば，変数 outlook の値 {sunny, overcast, rainy} は，{0,1,2} に変
           換される
25  for x in data:
26      w = list(x)
27      class_array = np.append(class_array, le[-1].transform
               (w[-1].decode("utf-8").split()))
28      w.pop(-1)
29      for idx in range(0, len(w)):
```

```
30        w[idx] = le[idx].transform(w[idx].decode("utf-8").
              split())
31     temp = np.array(w)
32     feature_array = np.append(feature_array, np.ravel(temp).
              reshape(1,-1), axis=0)
33
34 # OneHotEncoder を使って LabelEncoder で数値化したラベル特徴をさら
       に変換
35 # sunny は {1,0,0}，overcast は {0,1,0},rainy は {0,0,1} に変換される
36 # 順序をもたないラベル変数の場合は LabelEncoder だけでは不適切
37 enc = OneHotEncoder()
38 feature_encoded = enc.fit_transform(feature_array).toarray()
39
40 # ================================================================
41 # 1 個抜き交差検証（Leave-one-out cross-validation）
42 # 全 N 個のデータから 1 個を除いた (N-1) 個を学習データとしてモデルを
       学習し，
43 # 残り 1 個で学習したモデルのテストを行う．これを N 回繰り返す．
44
45 print("Leave-one-out Cross-validation")
46 y_train_post_list,y_train_list,y_test_post_list,y_test_list =
       [],[],[],[]
47
48 loo = LeaveOneOut()
49 for train_index, test_index in loo.split(feature_encoded):
50     X_train, X_test = feature_encoded[train_index],
              feature_encoded[test_index]
51     y_train, y_test = class_array[train_index],
```

```python
            class_array[test_index]

        # ==============================================================
        # ナイーブベイズ分類器のインスタンスを生成し，学習データに適合
          させる．
        # ベルヌーイナイーブベイズ（BernoulliNB）を使用する．
        # alpha(>0) はスムージングのパラメータ．
        # fit_prior=True に指定すると学習データから事前確率を求める．
        # class_prior は，class_prior=[0.2,0.8] の形で事前確率を指定す
          る．fit_prior=False のときに有効．
        clf = BernoulliNB(alpha=15, class_prior=[0.2,0.8],
            fit_prior=False)
        clf.fit(X_train,y_train)

        # ==============================================================
        # 学習データとテストデータに対する各クラスの事後確率を算出
        posterior_trn = clf.predict_proba(X_train)
        posterior_tst = clf.predict_proba(X_test)

        # テストデータの正解クラスと事後確率を出力
        print("True Label:", y_test)
        print("Posterior Probability:", posterior_tst)

        # 正解クラスと事後確率を保存
        y_train_post_list.extend(posterior_trn[:,[1]])
        y_train_list.extend(y_train)
        y_test_post_list.append(posterior_tst[0][1])
        y_test_list.extend(y_test)
```

```
76
77  # ROC 曲線の描画と AUC の算出
78  fpr_trn, tpr_trn, thresholds_trn = roc_curve(y_train_list,
        y_train_post_list)
79  roc_auc_trn = roc_auc_score(y_train_list, y_train_post_list)
80  plt.plot(fpr_trn, tpr_trn, 'k--',label='ROC for training
        data (AUC = %0.2f)' % roc_auc_trn, lw=2, linestyle="-")
81
82  fpr_tst, tpr_tst, thresholds_tst = roc_curve(y_test_list,
        y_test_post_list)
83  roc_auc_tst = roc_auc_score(y_test_list, y_test_post_list)
84  plt.plot(fpr_tst, tpr_tst, 'k--',label='ROC for test data
        (AUC = %0.2f)' % roc_auc_tst, lw=2, linestyle="--")
85
86  plt.xlim([-0.05, 1.05])
87  plt.ylim([-0.05, 1.05])
88  plt.xlabel('False Positive Rate')
89  plt.ylabel('True Positive Rate')
90  plt.title('Receiver operating characteristic example')
91  plt.legend(loc="lower right")
92
93  plt.show()
```

　使用する天候データは仮想的なもので 14 例のみの小さいデータになります[*1]．

---

[*1] 本書では，weather.nominal.arff データは Weka に含まれているデータを使用しています．このデータをソースコード 2.2 のプログラムと同じフォルダに置いておくとプログラムを実行できます．

- データ数：14
- 特徴数：4 (outlook{sunny, overcast, rainy}, temperature{hot, mild, cool}, humidity{high, normal}, windy{TRUE, FALSE})
- クラス数：2（ゴルフをする，ゴルフをしない）

ここで，特徴名の後のかっこの中には，その特徴の取り得る値が書かれています．このデータセットは，arff フォーマットで書かれています．scipy という科学計算用の Python 拡張モジュールに arff フォーマットのローダがありますので，ここではデータの読み込みにそれを利用しています．

次に，16 行目以降では `LabelEncoder()` を使って，カテゴリ変数を数値に変換しています．ナイーブベイズ分類器はカテゴリ変数を扱うことができますが，Python はカテゴリ変数をそのまま扱うことができません．そこでたとえば，特徴 outlook は sunny, overcast, rainy の三つの値を取り得ますが，これらを 0, 1, 2 に変換します．しかし，このままでは順序を持たない sunny, overcast, rainy が 0, 1, 2 という順序をもつ値に変換されてしまいます．そこで，37, 38 行目では `OneHotEncoder()` を用いて sunny は (1,0,0), overcast は (0,1,0), rainy は (0,0,1) といったように 3 ビットのいずれか一つが 1 になるように変換を行っています．これを **One-hot-encoding** といいます．

今回はデータ数が 14 例しかなく少ないため，**Leave-one-out cross-validation（一つ抜き交差検証）**を行っています．これは一つを除いたデータで学習を行い，そのモデルと残りの一つをテストデータとして適用し，テストデータを変えてデータ数だけ繰り返し，全テストデータに対する性能評価を行うものです．

scikit-learn には Leave-one-out cross-validation を行うためのクラス `LeaveOneOut()` が用意されています．48 行目では `LeaveOneOut` クラスのインスタンスを用意しています．`LeaveOneOut` クラスの関数 `split` は，学習データとテストデータのインデックスのリストを返します．49 行目以降のループでは Leave-one-out cross-validation の学習データ（プログラム中で

は X_train）とテストデータ（X_test）の各セットに対して，ナイーブベイズ分類器の学習と適用を行っています．

59 行目では，今回のデータの場合，One-hot-encoding 後に特徴が 2 値（0 か 1）であるためベルヌーイナイーブベイズ分類器のクラス BernoulliNB のインスタンスを生成しています．scikit-learn では，このほかに，各特徴に正規分布を仮定する GaussianNB や多項分布を仮定する MultinomialNB クラスも用意されています．データの特徴に応じて適切に選ぶ必要があります．ここで，引数の alpha（$\geq 0$）は**スムージングパラメータ**です．ナイーブベイズ分類器では，尤度は学習データ中の各特徴の出現確率によって見積もるのですが，学習に現れなかった特徴は確率が 0 になってしまいます．このようなゼロ頻度問題を回避する方法として，仮想的なデータを考えすべての特徴が均等に出現しているものとして数のカウントに加えます（すべての特徴を一定数水増しするイメージです）．二つめの引数 class_prior はクラスの事前確率でユーザが指定する場合は，足して 1 になるように [0,1] の範囲でここに記述します．最後の fit_prior は，事前確率を学習データから推計する場合は True にします．

64，65 行目では，上で学習データに適合させたナイーブベイズ分類器を学習データとテストデータに対して適用して事後確率を算出して，68，69 行目で出力しています．ここでは分類は行っておらず，ゴルフをする/しないの 2 クラスに対する事後確率を表示しています．実行すると以下のように表示されます．

Leave-one-out Cross-validation
True Label: [0.]
Posterior Probability: [[0.23182279 0.76817721]]
True Label: [0.]
Posterior Probability: [[0.31680441 0.68319559]]
True Label: [1.]

Posterior Probability: [[0.22966088 0.77033912]]
True Label: [1.]
Posterior Probability: [[0.25178437 0.74821563]]
True Label: [1.]
Posterior Probability: [[0.146278 0.853722]]
True Label: [0.]
Posterior Probability: [[0.13104574 0.86895426]]
True Label: [1.]
Posterior Probability: [[0.15926362 0.84073638]]
True Label: [0.]
Posterior Probability: [[0.19708986 0.80291014]]
True Label: [1.]
Posterior Probability: [[0.17648221 0.82351779]]
True Label: [1.]
Posterior Probability: [[0.147059 0.852941]]
True Label: [1.]
Posterior Probability: [[0.25072108 0.74927892]]
True Label: [1.]
Posterior Probability: [[0.27116125 0.72883875]]
True Label: [1.]
Posterior Probability: [[0.13250775 0.86749225]]
True Label: [0.]
Posterior Probability: [[0.23148232 0.76851768]]

True Label はテストデータの正解クラス，Posterior Probability の二つの出力はそれぞれクラス 0 とクラス 1 に対する事後確率を表示しています．Leave-one-out Cross-validation なので，それらがデータ数分の 14 個並んでいます．最大事後確率によって分類すると，たとえば最初のテストデータ

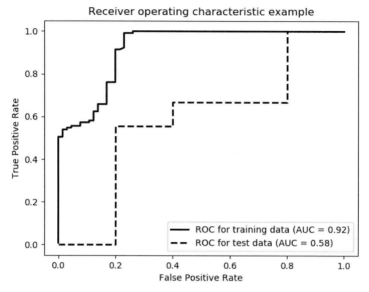

図 2.3　ROC 曲線による性能評価

では True Label はクラス 0 ですが，事後確率はクラス 1 が 0.76817721 で分類器はクラス 1 に分類することになり，誤分類ということになります．

最後に 78 行目以降では，ROC（Receiver Operating Characteristic）曲線とその AUC（Area Under Curve）による評価を行っています．ROC 曲線は分類のしきい値を変化させたときの False Posive Rate と True Positive Rate をプロットしたグラフ（**図 2.3**）です．True Positive Rate は高いほどよく，False Positive Rate は低いほどよいため，グラフが左上にきたほうがしきい値全域においてよい識別器といえます．見た目ではなく定量的に評価する指標が ROC 曲線の下部面積の AUC で，この値が 0.5 でランダムな識別器，1 に近づくほどよい識別器と判断します．今回のデータだと，学習データに対しては AUC の値が 0.92 と高いですが，テストデータに対しては 0.58 とランダムな推定より少しよい程度とわかります．

以上のように，ナイーブベイズ分類器は特徴量ごとに独立性を仮定することで計算を容易にし，かつ事後確率により，そのクラスである確率値を出

力する分類器です．また，ここでは取り上げていませんが，より発展的なベイズ学習の枠組みはほかの識別器とは異なり，対象の特性に応じた個別のモデリングが可能です．その一方，高度な数学的知識が必要になります．

## 2.3 ロジスティック回帰

**ロジスティック回帰**（Logistic Regression）による識別器は，特徴量の重み付き線形和の出力値を，ロジスティック関数（**図 2.4**(b)）を使って事後確率に対応付けることにより識別を行う線形識別器です．図 2.4(a) に示すように識別境界からの距離に応じた事後確率を出力値としているため「回帰」と付いていますが，ナイーブベイズ分類器同様に事後確率を最大化するクラスに分類を行うことができます．

数学的には

- 識別境界面（超平面）から各データ点までの距離が正規分布に従う
- クラスのデータ数は均等

という仮定のもとでロジスティック関数による事後確率への対応付けが導出できます．

そして，学習は学習データに対するモデルの尤度を定義して，負の対数尤度が最小（尤度が最大）になるように，線形和の重みパラメータを最急降下法などにより勾配を用いて最適解を求めます．しかし一般に，誤差関数は谷が一つだけとは限らないため，ミニバッチを用いた確率的最急降下法がよく用いられています．これは，ランダムに学習データから数十とか数百のデータを取り出して，それらを用いて勾配を計算して重みパラメータの更新を行い，さらに重みの更新に使用するデータを入れ替えて更新を繰り返します．こうすることで，局所解に陥りにくくなることや，1 回の更新にかかる計算量の削減，逐次学習に対応可能になるといった利点があります．

ソースコード 2.3 にロジスティック回帰による手書き文字認識の例を示

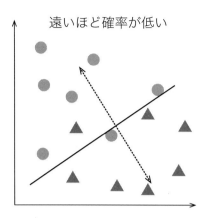

(a) 事後確率の割当て

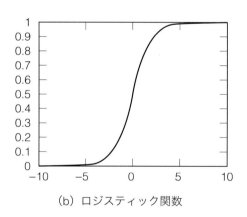

(b) ロジスティック関数

**図 2.4** ロジスティック回帰による識別

します．

**ソースコード 2.3** ロジスティック回帰による手書き文字認識

```
#### ロジスティック回帰による手書き文字認識
import os
import struct
```

## 2.3 ロジスティック回帰 | 41

```python
import matplotlib.pyplot as plt
import numpy as np
import sys
from sklearn.linear_model import LogisticRegression

# MNIST データの読み込み関数
def load_mnist(path, kind='train'):

    labels_path = os.path.join(path,'%s-labels-idx1-
        ubyte'% kind)
    images_path = os.path.join(path,'%s-images-idx3-
        ubyte'% kind)

    with open(labels_path, 'rb') as lbpath:
        magic, n = struct.unpack('>II',lbpath.read(8))
        labels = np.fromfile(lbpath,dtype=np.uint8)

    with open(images_path, 'rb') as imgpath:
        magic, num, rows, cols = struct.unpack(">IIII",
            imgpath.read(16))
        images = np.fromfile(imgpath,dtype=np.uint8).
            reshape(len(labels), 784)

    return images, labels

# MNIST データの読み込み
current_path = os.path.dirname(os.path.realpath("__file__"))
X_train, y_train = load_mnist(current_path, kind='train')
```

```
28  X_test, y_test = load_mnist(current_path, kind='t10k')
29
30  # 学習用に最初の 1000 点，テスト用に最初の 300 点のデータを使用
31  X_train = X_train[:1000][:]
32  y_train = y_train[:1000][:]
33  X_test = X_test[:300][:]
34  y_test = y_test[:300][:]
35  print('#data: %d, #feature: %d (training data)' % (X_train.
        shape[0], X_train.shape[1]))
36  print('#data: %d, #feature: %d (test data)' % (X_test.
        shape[0], X_test.shape[1]))
37
38  # ロジスティック回帰のインスタンスの生成と学習
39  lr = LogisticRegression(penalty='l1', C=1000.0,
        random_state=0)
40  lr.fit(X_train, y_train)
41
42  # 学習データおよびテストデータに対する accuracy の算出
43  y_train_pred = lr.predict(X_train)
44  acc = np.sum(y_train == y_train_pred, axis=0)*100 /
        X_train.shape[0]
45  print('accuracy for training data: %.2f%%' % acc)
46
47  y_test_pred = lr.predict(X_test)
48  acc = np.sum(y_test == y_test_pred, axis=0)*100 /
        X_test.shape[0]
49  print('accuracy for test data: %.2f%%' % acc)
50
```

```python
51  # 最初の 25 サンプルの識別結果をプロット．t: 正解クラス，p: 識別器
       による推測クラス
52  orign_img = X_test[:25][:25]
53  true_lab = y_test[:25][:25]
54  predicted_lab = y_test_pred[:25][:25]
55
56  fig, ax = plt.subplots(nrows=5, ncols=5, sharex=True,
       sharey=True,)
57  ax = ax.flatten()
58  for i in range(25):
59      img = orign_img[i].reshape(28, 28)
60      ax[i].imshow(img, cmap='Greys', interpolation='nearest')
61      ax[i].set_title('%d) t: %d p: %d' % (i+1, true_lab[i],
           predicted_lab[i]))
62
63  ax[0].set_xticks([])
64  ax[0].set_yticks([])
65  plt.show()
66
67  ## 逆正則化パラメータ c を変化させたときの training, test データに対
       する accuracy,
68  ## および非ゼロの重みの数を保存する．
69  weights, params = [], []
70  n_nonzero_weights, accuracy_train, accuracy_test = [], [], []
71  for c in np.arange(-11, 11, dtype=np.float):
72      lr = LogisticRegression(penalty='l1', C=10**c,
           random_state=0)
73      lr.fit(X_train, y_train)
```

```python
74      weights.append(lr.coef_[1])
75      n_nonzero_weights.append(np.count_nonzero(lr.coef_[1]))
76      params.append(10**c)
77      y_train_pred = lr.predict(X_train)
78      y_test_pred = lr.predict(X_test)
79      acc_train_temp = np.sum(y_train == y_train_pred, axis=0)
            *100 / X_train.shape[0]
80      acc_test_temp = np.sum(y_test == y_test_pred, axis=0)
            *100 / X_test.shape[0]
81      accuracy_train.append(acc_train_temp)
82      accuracy_test.append(acc_test_temp)
83
84  weights = np.array(weights)
85  n_nonzero_weights = np.array(n_nonzero_weights)
86
87  # 画像中心付近の 2 点に対する重みの変化をプロット
88  plt.figure(2)
89  # Feature from pixel row 15, col 10
90  plt.plot(params, weights[:, 402],
91          label='Feature #402 (row 15, col 10)')
92  # Feature from pixel row 15, col 13
93  plt.plot(params, weights[:, 405], linestyle='--',
94          label='Feature #405 (row 15, col 13)')
95  plt.ylabel('weight coefficient')
96  plt.xlabel('C')
97  plt.legend(loc='upper left')
98  plt.xscale('log')
99  plt.show()
```

```
100
101  # 保存した逆正則化パラメータ c と Accuracy, および非ゼロの重みの数を
         グラフにプロットする.
102  plt.figure(3)
103  accuracy_train = np.array(accuracy_train)
104  accuracy_test = np.array(accuracy_test)
105  plt.plot(params, accuracy_train[:],label='Training')
106  plt.plot(params, accuracy_test[:],label='Testing')
107  print(accuracy_train[:])
108  plt.ylabel('Accuracy')
109  plt.xlabel('C')
110  plt.legend(loc='upper left')
111  plt.xscale('log')
112
113  plt.figure(4)
114  plt.plot(params, n_nonzero_weights)
115  plt.ylabel('# non-zero weights')
116  plt.xlabel('C')
117  plt.xscale('log')
118  plt.show()
```

　ここでは，手書き文字認識の有名なベンチマークデータの MNIST データ[*2]を用います．0〜9 までの数字の手書き文字の画像データセットです．

- データ数：学習データ 60 000 点，テストデータ 10 000 点
- 画像サイズ：28×28

通常は画像からなんらかの特徴を抽出して識別器に入力しますが，簡単化

---

[*2] http://yann.lecun.com/exdb/mnist/

のため各ピクセルの輝度値そのものをベクトルとして入力しています．

　scikit-learn に MNIST データのローダは用意されていませんので，10 行目から 23 行目に別途 `load_mnist` という読み込みの関数を用意しています．配布されている画像データはバイナリ形式ですので，このような形で読み込みを行っています．31 行目から 34 行目では，オリジナルデータのうち学習データは最初の 1000 点のみ，テストデータは最初の 300 点のみ使用するようにしています．実行結果は以下のようになります．

　accuracy for training data: 100.00%
　accuracy for test data: 83.33%

学習データに対しては 100%識別できていますが，テストデータに対しては 83.33%で過剰適合している状態であることがわかります．

　39，40 行目でロジスティック回帰を行うクラス `LogisticRegression` のインスタンスを生成して，学習データに対して適合させています．43 行目で学習データに対して学習したモデルを用いてクラス分類を行っています．44 行目は正答率の算出で，scikit-learn の関数を用いずに書くと，このようになります．テストデータについても同様です．52 行目から 65 行目はテストデータの最初 25 サンプルについて画像と 0〜9 の正解クラス（`t` で示しています），ロジスティック回帰による識別結果（`p` で示しています）を表示しています．**図 2.5** に出力結果を示します．最初のサンプルは正解も識別結果も 7 で正しく識別していますが，二つめのサンプルは正解が 2 の数字を 6 と誤識別しています．

　ここで，基本的に単純なモデルのほうが汎化性能が高くなることが知られています．ロジスティック回帰におけるモデルの複雑度は各特徴に対する重みパラメータによるので，識別に重要でない特徴に対する重みはなるべく小さな重みで精度のよい識別モデルのほうが汎化性能が高いと考えられます．そこで，どの程度うまく学習データを識別できているかを示す損失

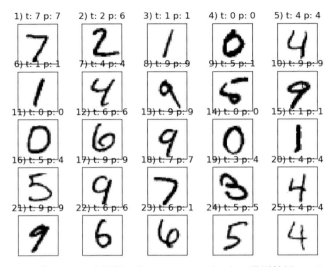

**図 2.5** ロジスティック回帰による MNIST データの識別結果 25 サンプル

関数に，重みパラメータに関するペナルティとして**正則化**項を加えて，両者のバランスを取ることで過剰適合を抑えることがよく行われています．

$$（損失関数）＝（学習データの識別に関する誤差項）＋ \frac{1}{C}（正則化項）$$

ここで，$C$ はユーザが設定するパラメータで正則化項の強さを調整します．scikit-learn の実装では逆数で定義されています．よく用いられる正則化として L2 正則化と L1 正則化があります．L2 正則化は重みパラメータの二乗和をペナルティとして科すもので，一方 L1 正則化は絶対値の和をペナルティとして科すものです．L2 正則化のほうが最適化が容易ですが，L1 正則化は幾何的な特徴から重みがゼロになりやすい性質があるため，特徴選択としても機能します．

正則化項の効果の違いは幾何的には**図 2.6** のように解釈できます．どちらの図も右上の濃い実線の等高線が誤差項を表しており，この中心に近づくほど学習データの識別率は高くなることを表しています．一方，灰色の実線は正則化項の等高線を示しており，L2 正則化の場合は二乗和なので円，

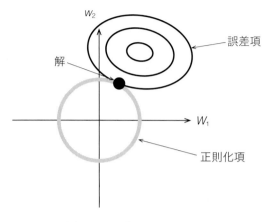

(a) L2 正則化

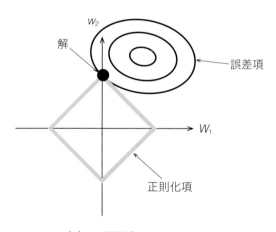

(b) L1 正則化

**図 2.6** 正則化の効果の違い

L1 正則化は絶対値の和なので軸上を頂点とした正方形になります．損失関数は上記のように，誤差項と正則化項の和の形になっているので，これらの交点が解になります．そうすると，L1 正則化の場合は $w_1$ の値が 0 で，$w_2$ のみが値をもつことになります．このように正則化項の幾何的な形状から L1

正則化は重みが 0 になりやすい性質があることがわかります．

69〜82 行目は，正則化項のパラメータ $C$ を $10^{-11}$ から $10^{10}$ まで 10 倍ずつ変化させたときの正解率と非ゼロの重みパラメータの数を算出しています．たとえば，クラス 1 に対するロジスティック回帰の学習した重みパラメータは，LogisticRegression クラスの coef_[1] に格納されています（74 行目）．75 行目では numpy の count_nonzero() によって非ゼロの重みパラメータの数をカウントして，n_nonzero_weights リストに追加しています．

続く 88〜99 行目では先ほど保存した結果を用いて，中央付近の 2 画素 (15,10) と (15,13) に対応する重みの変化をプロットしています．出力結果は図 2.7 のようになります．横軸は正則化項のパラメータ $C$ で，縦軸は 2 画素に対応する重みの学習結果です．$C$ は正則化項に逆数で掛かっているので，$C$ が小さいほど正則化の効果が大きいことになります．正則化の効果が強すぎると，グラフの左側ではどちらも重みは 0 になっています．正則化を弱めていくと，$10^0$ 付近で重みは極大になり，さらに弱めてほぼ損失関数のみになると一定の重みに落ち着いています．

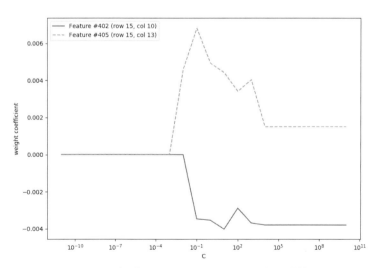

図 2.7　正則化パラメータと学習した重みの関係

102〜110 行目では，同じく先ほどの結果を用いて，逆正則化パラメータと学習データとテストデータに対する正答率の関係をプロットしています．出力結果は**図 2.8** のようになります．ここでも正則化が強すぎるとペナルティ項のみで誤差項は無視されてしまうため，グラフの左側ではほとんど識別できていません．その後，学習データは単調に増加して $C=10^{-1}$ 以降は 100% になっていますが，テストデータは $10^{-2}$ で極大となり，その後減少してしまっています．グラフの右側の状態が過剰適合を示しており，このデータの場合 $C=10^{-2}$ 付近が最も汎化性能が高いといえます．

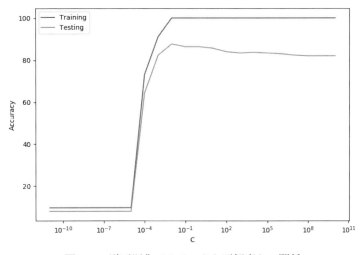

**図 2.8** 逆正則化パラメータと正解率との関係

最後の 111〜118 行目は逆正則化パラメータと非ゼロ重みの数をプロットしています．結果は**図 2.9** のようになります．正則化が強すぎると，つまりグラフの左側では非ゼロの重みの数は 0（つまりすべての重みが 0）になっており，正則化の効果を弱めていくと $10^{-4}$ 付近から急激に増えていき 600 辺りで一定になっています．ピクセル数は $28 \times 28 = 784$ ピクセルですが，図 2.5 からもわかるようにすべての画像の縁近くは白であり識別には関係しません．少しでも正則化の効果が効いていればこのピクセルに対応

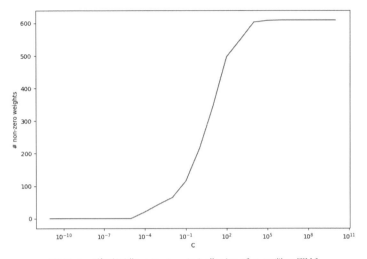

**図 2.9** 逆正則化パラメータと非ゼロ重みの数の関係

する重みはゼロになるため，非ゼロ重みの数は最大でも600程度となっています．

ロジスティック回帰は，線形識別関数をロジスティック関数を通して事後確率に割り当てた分類器です．問題に線形性が高い場合，L1正則化と組み合わせることで説明性のある分類器が期待できます．

## 2.4 多層パーセプトロン

本節ではディープラーニングの前身ともいえる**多層パーセプトロン**（Multi-layer Perceptron：**MLP**）による識別を取り上げます．ここで取り扱う多層パーセプトロンは，入力層，中間層，出力層からなる標準的なフィードフォワード型ニューラルネットワークです．図2.10に中間層が1層の場合のネットワーク図を示します．入力層と中間層，中間層と出力層間にそれぞれ全結合の重みパラメータが設定されており，入出力間の損失関数を最小化するように，これらの重みを調整していきます．中間層のないニュー

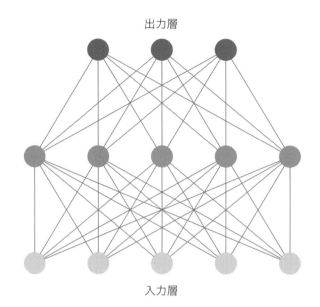

図 2.10　多層パーセプトロンのネットワーク

ラルネットワークは**単純パーセプトロン**と呼ばれ，線形の識別器になります．中間層を加えることで，任意の多項式を近似できることが知られています．しかし，中間層の教師情報がないため入力層と中間層間の重みの学習は，**誤差逆伝播法**[*3]（**バックプロパゲーション**）により，出力層からの誤差を逆伝播させて学習を行います．

　ソースコード 2.4 に MLP を用いた MNIST データの手書き文字認識のサンプルプログラムを示します．

**ソースコード 2.4**　多層パーセプトロン (MLP) による手書き文字認識

```
#### 多層パーセプトロン(MLP)による手書き文字認識
import os
```

---

[*3] 誤差逆伝搬法と書かれることもあります．

```python
import struct
import numpy as np
import matplotlib.pyplot as plt
from sklearn.decomposition import PCA
from sklearn.neural_network import MLPClassifier

# MNIST データの読み込み関数
def load_mnist(path, kind='train'):

    labels_path = os.path.join(path,'%s-labels-idx1-ubyte'% kind)
    images_path = os.path.join(path,'%s-images-idx3-ubyte'% kind)

    with open(labels_path, 'rb') as lbpath:
        magic, n = struct.unpack('>II',lbpath.read(8))
        labels = np.fromfile(lbpath,dtype=np.uint8)

    with open(images_path, 'rb') as imgpath:
        magic, num, rows, cols = struct.unpack(">IIII",
            imgpath.read(16))
        images = np.fromfile(imgpath,dtype=np.uint8).reshape(len(labels), 784)

    return images, labels

# MNIST データの読み込み
current_path = os.path.dirname(os.path.realpath("__file__"))
```

```
27  X_train, y_train = load_mnist(current_path, kind='train')
28  X_test, y_test = load_mnist(current_path, kind='t10k')
29
30  # 学習データとテストデータは最初の n_train_data, n_test_data 個用
       いる
31  n_training_data = 5000
32  n_test_data = 5000
33
34  X_trn = X_train[:n_training_data][:]
35  y_trn = y_train[:n_training_data][:]
36  X_tst = X_test[:n_test_data][:]
37  y_tst = y_test[:n_test_data][:]
38
39  # PCA による次元圧縮
40  n_components = 20
41  pca = PCA(n_components)
42  pca.fit(X_trn)
43  X_trn_pca = pca.transform(X_trn)
44  X_tst_pca = pca.transform(X_tst)
45
46  # MLP クラスのインスタンスを生成し，PCA で次元圧縮後の学習データに
       適合
47  nn = MLPClassifier(hidden_layer_sizes=(300, 200, 100),
        alpha=0.01, shuffle=False, random_state=1)
48  nn.fit(X_trn_pca, y_trn)
49
50  # 層の数を出力
51  print('number of layers=%d' % nn.n_layers_)
```

```
52
53  # Accuracy の算出
54  print('accuracy for training data: %.3f' % nn.score(X_trn_pca,
        y_trn))
55  print('accuracy for test data: %.3f' % nn.score(X_tst_pca,
        y_tst))
56
57  # 損失関数値のプロット
58  plt.figure(0)
59  plt.plot(range(len(nn.loss_curve_)), nn.loss_curve_)
60  plt.ylabel('Loss')
61  plt.xlabel('Epochs')
62  plt.tight_layout()
63
64  plt.show()
```

　10 行目から 28 行目はロジスティック回帰のときと同様の MNIST データの読み込み部です．ここでもすべてのデータは用いずに，学習データ，テストデータともに最初の 5 000 点のみ用いています（31〜37 行）．次に，40〜44 行目で**主成分分析**（Principal Component Analysis：**PCA**）による次元圧縮を行っています．主成分分析は共分散行列を固有値分解し，もとの次元数よりも少ない主成分（固有ベクトルの方向）に線形射影することで次元圧縮を行っています．値の変動が小さい不要な次元を圧縮することで，MLP の学習時間の短縮と，場合によっては汎化性能が向上することもあります．scikit-learn のほかのモジュール同様の使い方で，まず fit() で主成分を求めて transform() で主成分軸に射影しています．ここで，n_components は主成分数です．

　47〜48 行目は多層パーセプトロンのインスタンスを生成して，学習デー

タに適合させています．scikit-learn の API リファレンスの `MLPClassifier` のページをみると数多くの引数（オプション）があることがわかります．このサンプルでは，`hidden_layer_sizes` で中間層の数とノード数を 300 ノード，200 ノード，100 ノードに設定しています．scikit-learn の多層パーセプトロンは簡単に層の数を増やせるようになっています．ただし，誤差逆伝播法による学習は層の数が多くなると勾配消失問題があります．層の数を増やすときは，**自己符号化器（AutoEncoder）**や**制限付きボルツマンマシン**（Restricted Boltzmann Machine：**RBM**）などにより**事前学習**を行い，そこで得られた重みを初期値として，誤差逆伝播法で教師あり学習を行いましょう．そして，引数の `alpha` はロジスティック回帰の節でも登場した L2 正則化に対する係数項です．ここは逆数ではなく `alpha` がそのまま正則化項にかかっています．

層の数は変数 `n_layers_` に格納されています（51 行目）．続いて 54〜55 行目では `MLPClassifier` クラスに実装されている `score()` 関数を用いて学習データとテストデータに対する正解率を出力しています．実行結果は次のようになります．

number of layers=5
accuracy for training data: 0.997
accuracy for test data: 0.884

続く 58 行目以降では，`loss_curve_` にエポック数ごとの損失関数の値が格納されていますので，それをグラフにプロットしています．`MLPClassifier()` のミニバッチサイズのデフォルトは 200 となっていますので，1 度に 200 点の学習データを用いて重みを更新しています．学習データが 5000 点の場合，25 回の重み更新で全学習データを 1 周回ることになり，これが 1 エポックとなります．損失関数は，MLP の出力と正解クラスとの誤差項，それに加えて正則化項からなり，損失関数値が小さいほど

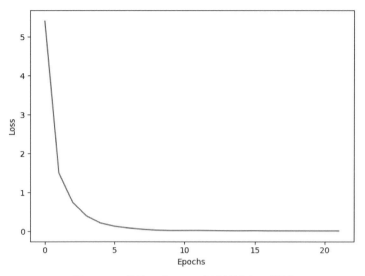

**図 2.11** 学習エポックと損失関数値の関係

（学習データに対しては）目的とする解に近づいていることを示しています（**図 2.11**）．

多層パーセプトロンは最近のディープラーニングほどではないですが，それでもほかの識別器に比べると設定できるパラメータの数が多いことがわかります．一方でその柔軟性のため，チューニングをうまくすれば性能が出やすいという特長があります．

## 2.5　サポートベクタマシン

本節では，非線形識別器としてニューラルネットワークとともに有名な**サポートベクタマシン**（Support Vector Machine：**SVM**）を取り扱います．SVM は直感的に理解が難しい識別器ですが，以下の二つの特長をもっています．

1. マージン最大化による汎化基準

2. カーネルトリックによる非線形化

**マージン最大化**は，図 2.12 に示すように識別境界面から最も近いデータ点までの距離をマージンとして，それを最大になるような識別面のほうが汎化性能がよいでしょう，という経験則に基づく識別面の決め方の基準です．制約式付きの最適化問題になるのですが，ラグランジュの未定乗数法を使って解くことができます．

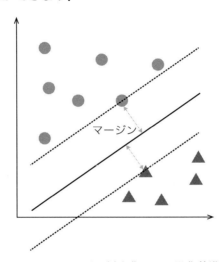

図 2.12 マージン最大化による汎化基準

一方，**カーネルトリック**は特徴空間を非線形の写像関数 $\phi$ によってなんらかの高次元空間に写像することにより，線形識別の可能性を高めるという手法です．データ点 $\mathbf{x}$ を写像関数 $\phi(\cdot)$ を用いて $\phi(\mathbf{x})$ に置き換えて，カーネル関数を $K(\mathbf{x} \cdot \mathbf{x}') = \phi(\mathbf{x}) \cdot \phi(\mathbf{x}')$ と定義します．すると，ラグランジュの未定乗数法で最適化する目的関数の式中にデータ点 $\mathbf{x}$ は内積 $\mathbf{x} \cdot \mathbf{x}'$ の形でしか現れないため，直接 $\phi(\mathbf{x})$ がわからなくても，カーネル関数の値さえ計算できれば数学的には写像後の空間で識別境界の最適化ができてしまう，という性質を利用しています．

数学的にはカーネル行列（具体的にはデータ点数×データ点数のカーネ

ル関数の値を成分とする行列）が半正定値性（固有値が非負）を満たしていれば，なんらかの写像関数が存在することが証明されていますが，具体的な写像関数はごく簡単なカーネル関数を除いて不明です．半正定値性を満

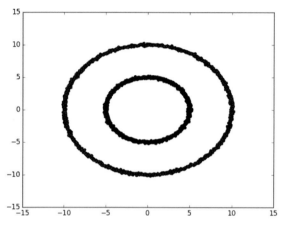

(a) 写像前のデータ分布

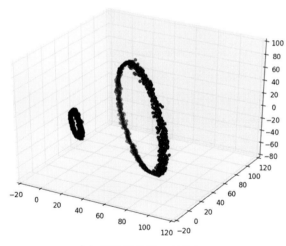

(b) 写像後のデータ分布

**図 2.13** カーネル関数による写像の例

たす代表的なカーネル関数としては線形カーネル，多項式カーネル，RBF
カーネルがよく用いられています．**図 2.13**(a) は 2 次元上の内側と外側の
円上にデータ点が並んでいます．2 次の多項式カーネル関数で 3 次元に写
像すると図 (b) のようになります．元の 2 次元上では直線で内側と外側の
円を分離するのは不可能ですが，図 (b) なら平面で分けることが可能にな
ります．データの分布によって適切なカーネル関数とその係数パラメータ
を選択する必要がありますが，このように高次元の空間上でマージン最大
化基準に基づいて線形判別を行うことで，元の空間では非線形の識別器を
構成していることになります．

ソースコード 2.5 に SVM による乳がんの診断結果（Breast Cancer デー
タ）の識別のサンプルプログラムを示します．

**ソースコード 2.5** SVM による Breast Cancer データの識別

```
1   #### SVM による Breast Cancer データの識別
2   #### 入れ子交差検証で最適パラメータを探索
3   import numpy as np
4   from sklearn import svm
5   from sklearn.datasets import load_breast_cancer
6   from sklearn.model_selection import StratifiedKFold,
        GridSearchCV
7   from sklearn.preprocessing import StandardScaler
8
9   # Breast Cancer データのロード
10  df = load_breast_cancer()
11  X = df.data
12  y = df.target
13
14  # z 標準化
```

## 2.5 サポートベクタマシン

```
15  sc = StandardScaler()
16  sc.fit(X)
17  X = sc.transform(X)
18
19  # 外側ループのための交差検証用データ生成インスタンス
20  kfold = StratifiedKFold(n_splits=10, shuffle=True)
21
22  acc_trn_list = []   # 外側ループの fold ごとの学習データに対する ac-
                        curacy 格納用
23  acc_tst_list = []   # 外側ループの fold ごとのテストデータに対する
                        accuracy 格納用
24
25  # グリッドサーチのパラメータリスト
26  # parameters に指定できる変数は scikit-learn の API reference を参照
        のこと.
27  parameters = {'gamma':[0.01, 0.02, 0.05, 0.1, 0,2, 1.0],
            'degree':[1,2,3]}
28
29  # 内側ループでグリッドサーチを行う交差検証インスタンス
30  gs = GridSearchCV(svm.SVC(kernel='poly'), parameters, cv=2)
31
32  k=0
33  # 内側ループのグリッドサーチ
34  for train_itr, test_itr in kfold.split(X, y):
35      gs.fit(X[train_itr], y[train_itr])
36      print('Fold #{:2d}; Best Parameter:{}, Accuracy on validation
            data: {:.3f}' .format(k+1,gs.best_params_,
            gs.best_score_))
```

```
37    acc_trn_list.append(gs.score(X[train_itr],y[train_itr]))
38    acc_tst_list.append(gs.score(X[test_itr],y[test_itr]))
39    k=k+1
40
41  # 外側クロスバリデーションに対する平均正答率の表示
42  print('Average accuracy on training data: {:.3f}'.
        format(np.mean(acc_trn_list)))
43  print('Average accuracy on test data: {:.3f}'.format(np.mean(
        acc_tst_list)))
```

このデータセットの基本的な統計情報は以下のとおりです．

- データ数：569
- 特徴数：30（腫瘍の平均半径，平均面積など）
- クラス：2（良性/悪性）

Breast Cancer データは Iris データ同様に scikit-learn にあらかじめ含まれており，load_breast_cancer() という読み込み用の関数が用意されています．Iris データのときと同様に，.data ですべてのデータの特徴量を参照でき，.target でクラスラベルを参照できます．そして，15～17 行目で各特徴について平均 0，標準偏差 1 になるように z 標準化を行っています．

SVM に限りませんが，多くの機械学習ではユーザが指定すべき**ハイパーパラメータ**があります．SVM ではカーネル関数内の係数や定数項，またカーネル関数自体の選択もあります．学習データで正答率が高くなるようにハイパーパラメータを調整したとしても，学習データに過剰適合してしまい，大抵はテストデータに対しては性能が出ません．一方で，テストデータを使ってハイパーパラメータを調整することはできません（手元にテストデータの正解クラスがあるため，実行することはできてしまいますが公

正な評価ではありません).そこで,学習データをさらにモデル構築に用いる学習データと検証用データに分割して,検証用データに対する正解率によりハイパーパラメータを調整することを行います.さらに,このサンプルプログラムのように**入れ子式クロスバリデーション**を行い,外側のループで通常のクロスバリデーションを行い,内側のループの検証用データを用いてハイパーパラメータの調整を行うと,学習データの違いに対するハイパーパラメータの安定性を評価することもできます.

20 行目で外側ループの通常のクロスバリデーション StratifiedKFold クラスのインスタンスを生成しています.ここで,層化 (Stratified) クロスバリデーションとは,学習データとテストデータでクラスの比率が同じになるように分割を行う方式です.n_splits=10 で分割数を 10 に設定しています.27 行目の parameters に探索するハイパーパラメータのリストを用意しています.30 行目は内側ループでグリッドサーチを行うクロスバリデーション GridSearchCV クラスのインスタンスを生成しています.ここの svm.SVC(kernel='poly') は SVC (Support Vector Classification) クラスのインスタンスを引数として渡しています.kernel='poly' はカーネル関数として多項式カーネルを指定しています.先ほど用意した探索パラメータのリスト parameters を渡し,また分割数 cv は 2 分割に設定しています.多項式カーネルは

$$K(\mathbf{x}, \mathbf{x}') = (\gamma \mathbf{x} \cdot \mathbf{x}' + c)^p \tag{2.4}$$

ですが,サンプルプログラムではこの中の係数 $\gamma$ (gamma) と次数 $p$ (degree) について探索します.

32〜39 行目で,内側のクロスバリデーションを行い検証用データでハイパーパラメータのグリッドサーチを行っています.34 行目の kfold.split(X,y) で外側のクロスバリデーションでの学習データとテストデータのインデックスの組合せが返ってきますので,それらを train_itr と test_itr に格納してすべての fold について for ループで回しています.

35 行目の gs.fit(X[train_itr], y[train_itr]) では，外側ループの一つの fold の学習データについて，用意した parameters にあるハイパーパラメータのすべての組合せに対して SVM を適合させ，内側クロスバリデーションの検証用データについて評価を得ています．グリッドサーチで評価した結果，検証用データで最適なパラメータリストは best_params_ に，また正答率は best_score_ に格納されています（36 行目）．最後の 42～43 行目は外側のクロスバリデーションに対する平均正答率を表示しています．

実行結果は以下のようになります．外側クロスバリデーションの 10 fold について，内側ループのグリッドサーチで得られた最適パラメータと検証用データに対する正答率が表示されています．その下は外側クロスバリデーションの学習データおよびテストデータに対する平均正答率です．このサンプルの探索範囲内では，1 次式で係数 $\gamma$ は 0.1 から 0.05 の間がよいことがわかります．

Fold # 1; Best Parameter:'degree': 1, 'gamma': 0.1, Accuracy on validation data: 0.971

Fold # 2; Best Parameter:'degree': 1, 'gamma': 0.1, Accuracy on validation data: 0.975

Fold # 3; Best Parameter:'degree': 1, 'gamma': 0.05, Accuracy on validation data: 0.965

Fold # 4; Best Parameter:'degree': 1, 'gamma': 0.05, Accuracy on validation data: 0.967

Fold # 5; Best Parameter:'degree': 1, 'gamma': 0.05, Accuracy on validation data: 0.967

Fold # 6; Best Parameter:'degree': 1, 'gamma': 0.1, Accuracy on validation data: 0.971

Fold # 7; Best Parameter:'degree': 1, 'gamma': 0.05, Accuracy on validation data: 0.977

Fold # 8; Best Parameter:'degree': 1, 'gamma': 1.0, Accuracy on validation data: 0.981

Fold # 9; Best Parameter:'degree': 1, 'gamma': 0.1, Accuracy on validation data: 0.979

Fold #10; Best Parameter:'degree': 1, 'gamma': 0.1, Accuracy on validation data: 0.967

Average accuracy on training data: 0.984

Average accuracy on test data: 0.974

サポートベクタマシンは，マージン最大化とカーネルトリックによる非線形化を組み合わせた識別器ですが，その定式化の性質から識別境界付近の少数のサポートベクトルから識別器を構成します．そのため，境界付近のデータが集まれば比較的少数のデータでも識別性能が出せるといった特長があります．ただし，カーネル関数とそのハイパーパラメータは対象に応じて適切に選ぶ必要があります．

## 2.6 線形回帰

本節では，ターゲットが出力値である回帰の問題を取り扱います．ここでは最も単純な**線形回帰**（Linear Regression）を使った例を示します．線形回帰は，各特徴量に重みの係数を掛け合わせて定数項を足した総和を出力値に対応付けします．重みの学習は正解の出力値と回帰式による推定値の二乗誤差を最小化するように解を得ます．回帰の評価には正解の出力値と回帰式による推定値の**平均二乗誤差**（Mean Squared Error：**MSE**），もしくは MSE を正解出力値の分散で正規化した決定係数がよく用いられます．単純に MSE で評価すると，もともと出力値の振れ幅が大きい場合，見かけの誤差が大きくなってしまいます．そのため決定係数で調整を行っています．そのほか，非線形の回帰手法としてはサポートベクタマシンを使ったサ

ポートベクタ回帰があり，scikit-learn にも `svm.SVR` に実装されています．
ソースコード 2.6 に線形回帰による住宅価格推定の例を示します．

**ソースコード 2.6** 線形回帰による Housing データ住宅価格の推定

```python
#### 線形回帰による Housing データ住宅価格の推定
import numpy as np
from sklearn.preprocessing import StandardScaler
from sklearn.linear_model import LinearRegression
from sklearn.datasets import load_boston
from sklearn.metrics import r2_score
from sklearn.model_selection import train_test_split
import matplotlib.pyplot as plt
from sbs import SBS

# Boston Housing データのロード
df = load_boston()
X = df.data
y = df.target
n_of_features = len(df.feature_names)
n_of_selected_features = 5 # 特徴選択の特徴量数の指定（特徴量名の
    表示のみに使用）

# z 標準化
sc = StandardScaler()
sc.fit(X)
X_std = sc.transform(X)

n_of_trials = 30 # 試行回数
```

```python
24  score_train_all = np.zeros(n_of_features) #部分集合毎の学習データ
        に対するスコア格納用
25  score_test_all = np.zeros(n_of_features)  #部分集合毎のテストデー
        タに対するスコア格納用
26
27  # 本プログラムは交差検証ではなく，異なる乱数状態で複数回試行した平
        均を取っている
28  for k in range(0, n_of_trials):
29      X_train, X_test, y_train, y_test = train_test_split(X_std,
            y, test_size = 0.3, random_state = k)
30
31      lr = LinearRegression()
32      sbs = SBS(lr, k_features=1, scoring=r2_score,
            random_state = k)
33      sbs.fit(X_train, y_train)
34      selected_features = list(sbs.subsets_[n_of_features -
            n_of_selected_features])
35      print("Trial {:2d}; Best {} features: {}".format(k+1,
            n_of_selected_features, df.feature_names[
            selected_features]))
36
37      score_train = np.array([])
38      score_test = np.array([])
39
40      # SBS アルゴリズムで得られた各部分集合に対して，線形回帰モデル
            を適合させて
41      # 学習データ，テストデータに対する決定係数を算出し，score_train,
            score_test に格納する
```

```python
42      trn_scores,tst_scores = [],[]
43      for s in range(0, n_of_features):
44          subset = sbs.subsets_[s]
45          X_train_sub = X_train[:, subset]
46          lr.fit(X_train_sub, y_train)
47          trn_score = lr.score(X_train_sub, y_train)
48          tst_score = lr.score(X_test[:, subset], y_test)
49          trn_scores.append(trn_score)
50          tst_scores.append(tst_score)
51
52      score_train = np.array(trn_scores)
53      score_test  = np.array(tst_scores)
54
55      score_train_all += score_train
56      score_test_all += score_test
57
58  # SBS アルゴリズムで選択された特徴の部分集合と決定係数のグラフをプ
    ロット
59  k_feat = [len(k) for k in sbs.subsets_]
60  plt.plot(k_feat, score_train_all/n_of_trials, marker='o',
        label="Training data")
61  plt.plot(k_feat, score_test_all/n_of_trials, marker='x',
        label="Test data")
62  plt.ylabel('R^2 score')
63  plt.xlabel('Number of features')
64  plt.legend(loc="lower right")
65  plt.grid()
66  plt.show()
```

Boston Housing データはボストンの住宅価格に関するデータセットです．

- データ数: 506
- 特徴数: 14（犯罪発生率，住居区画の割合，商業区画の占める割合など）
- 目標値: 住宅価格

Boston Housing データも scikit-learn に付属しており簡単に利用できるようになっています．利用の仕方は Iris データなどと同様に load_boston() という読み込み関数が用意されており，.data で特徴量，.target で教師情報を参照できます．このサンプルプログラムでは，**逐次後退選択**（Sequential Backward Selection：**SBS**）による特徴選択を行っています．特徴量の選択数を 16 行目の n_of_selected_features で指定しています．

このサンプルプログラムでは，クロスバリデーションではなく学習データとテストデータをシャッフルして，複数回にわたって試行した結果を示しています．その試行回数を n_of_trials で指定しています．28〜56 行目の for ループで 30 試行の平均を取っています．学習データとテストデータの分割には train_test_split() 関数を用いています．この分割のための乱数シード random_state を for ループ中に変化させることで異なる学習データ/テストデータのセットを生成しています．今回の場合，テストデータの割合は 30% としています．

31 行目は線形回帰のクラス LinearRegression のインスタンスを生成しています．32 行目は決定係数 r2_score を指標として逐次後退選択による特徴選択のクラス SBS のインスタンスを生成しています．SBS アルゴリズムは scikit-learn には実装されていないため，別途公開[*4]されている実装を

---

[*4] 本プログラムでは https://github.com/rasbt/python-machine-learning-book/blob/master/code/ch04/ch04.ipynb にある "Sequential feature selection algorithms" の実装を使用しています．利用するにあたっては，GitHub のページにある該当部分を，sbs.py というファイル名でパスの通った場所に置いておく必要があります．

importしています．33行目のsbs.fit(X_train, y_train)では，学習データをさらに線形回帰のモデルを構築するための学習データと，検証用データに分割して検証用データに対する決定係数を指標として特徴選択を行っています．このようにすることで，汎化性能を考慮して特徴選択を行うことができます．特徴選択の過程はsbs.subsets_に格納されます．特徴数4のときにID(3,6,2,9)の特徴，特徴数3のときにID(3,2,9)の特徴といったように，一つずつ減っていくリストの形式で格納されています．

42行目からはSBSアルゴリズムで選択された特徴の部分集合に対して，再度線形回帰モデルを適合させて学習データおよびテストデータに対する決定係数を算出しています．特徴選択の過程がsbs.subsets_に格納されていますので，44行目で順番に特徴の部分集合を取り出してsubsetに格納し，45行目でそれらのIDをX_train[:, subset]で指定してX_train_subに格納しています．この部分特徴集合を用いて，46行目で線形回帰モデルに適合し直して，47〜48行目で学習データとテストデータに対する決定係

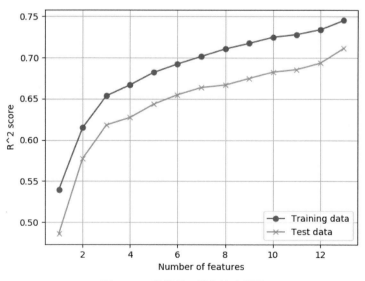

図 2.14　特徴量の数と決定係数

数を算出しています．

最後の 59 行目以降は上で算出した部分特徴集合と決定係数の関係をグラフにプロットしています．結果は**図 2.14** のようになります．逐次後退選択を行っていますので，選択の過程としてはグラフの右から左に向かって，決定係数の減少が最小となる特徴を一つずつ取り除いていっていることになります．実際に使用する特徴数の決め方については応用先の考え方次第ですが，特徴数の上限や決定係数の下限を決めて特徴を選択するか，もしくは決定係数の減少率などから決めることもできます．

## 2.7　ディープラーニング

本節では，**ディープラーニング（深層学習）**のライブラリ **Keras** を用いた例を紹介します．Keras は **Tensorflow**（Google 社が提供するディープラーニングライブラリ），**CNTK**（Microsoft 社が提供するディープラーニングライブラリ），または **Theano**（数値計算ライブラリ）のラッパーとして実装されています．ディープラーニングのライブラリは，このほかに **Chainer** や **Caffe** などさまざまなものがありますが，その中でも Keras は最も扱いやすいライブラリと筆者は考えています．Keras に関するドキュメントは以下にあります．

```
https://keras.io/ja/
```

Keras のインストールとともにバックエンドに使用するディープラーニングライブラリ（Tensorflow，CNTK，もしくは Theano）のインストールが必要になります．いずれも Anaconda Navigator からインストールできます．

ディープラーニングにはさまざまなネットワーク構造が提案されていますが，初期の代表的な構造として **AutoEncoder（自己符号化器）**による表現学習と多層パーセプトロンによる識別器の学習の 2 段の学習によるディー

プラーニングを紹介します．AutoEncoder は入力自身を出力とする，自己写像を学習する砂時計型のフィードフォワード（順伝播）ネットワークです（**図 2.15**）．中間層のノード数を入力のノード数よりも少なくすることで次元圧縮のような効果が得られます．まず，AutoEncoder で学習し，学習したネットワークを用いて最終段にクラスに対応する出力層を追加して通常の多層パーセプトロン同様に誤差逆伝播法により識別器の学習を行います．

ソースコード 2.7 に AutoEncoder による事前学習を用いた深層ニューラルネットの実装例を示します．

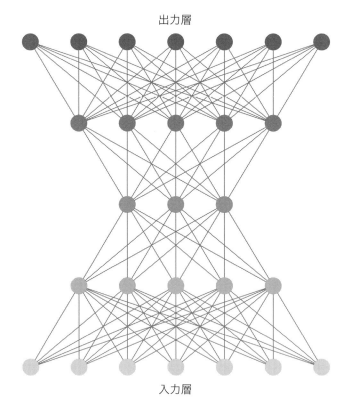

**図 2.15** AutoEncoder のネットワーク

**ソースコード 2.7** AutoEncoder による事前学習を用いた深層ニューラルネットワークによる手書き文字認識

```
1   from keras.utils import np_utils
2   from keras.models import Sequential, Model
3   from keras.layers import Activation, Dense, Dropout, Input
4   from keras.optimizers import Adam
5   import matplotlib.pyplot as plt
6   import os, struct
7   import numpy as np
8
9   # ================================================================
10  # MNIST データの読み込み関数
11  def load_mnist(path, kind='train'):
12
13      labels_path = os.path.join(path,'%s-labels-idx1-
            ubyte'% kind)
14      images_path = os.path.join(path,'%s-images-idx3-
            ubyte'% kind)
15
16      with open(labels_path, 'rb') as lbpath:
17          magic, n = struct.unpack('>II',lbpath.read(8))
18          labels = np.fromfile(lbpath,dtype=np.uint8)
19
20      with open(images_path, 'rb') as imgpath:
21          magic, num, rows, cols = struct.unpack(">IIII",
                imgpath.read(16))
22          images = np.fromfile(imgpath,dtype=np.uint8).
                reshape(len(labels), 784)
23
```

```
24      return images, labels
25
26  # MNIST データの読み込み
27  current_path = os.path.dirname(os.path.realpath(__file__))
28  X_train, y_train = load_mnist(current_path, kind='train')
29  X_test, y_test = load_mnist(current_path, kind='t10k')
30
31  # ================================================================
32  # 学習データとテストデータは最初の n_train_data, n_test_data 個用
        いる
33  n_training_data = 1000
34  n_test_data = 1000
35
36  X_trn = X_train[:n_training_data][:]
37  y_trn = y_train[:n_training_data]
38  X_tst = X_test[:n_test_data][:]
39  y_tst = y_test[:n_test_data]
40
41  # 値の範囲を [0,1] に変換
42  X_trn = X_trn.astype('float32')/255
43  X_tst = X_tst.astype('float32')/255
44
45  # One-hot encoder によりクラスラベルをバイナリに変換
46  # 例：1 -> [0,1,0,...,0], 2 -> [0,0,1,0,...]
47  y_trn = np_utils.to_categorical(y_trn)
48  y_tst = np_utils.to_categorical(y_tst)
49
50  # 入力データの次元数 (=784 画素) を取得
```

```python
51  n_dim = X_trn.shape[1]
52
53  # 出力クラス数(=10クラス)
54  n_out = y_trn.shape[1]
55
56  # ================================================================
57  # 学習履歴をプロットする関数
58
59  # Accuracyの履歴のプロット
60  def plot_history_acc(rec):
61      plt.plot(rec.history['acc'],"o-",label="train")
62      plt.plot(rec.history['val_acc'],"o-",label="test")
63      plt.title('accuracy history')
64      plt.xlabel('epochs')
65      plt.ylabel('accuracy')
66      plt.legend(loc="lower right")
67      plt.show()
68
69  # 損失関数値の履歴のプロット
70  def plot_history_loss(rec):
71      plt.plot(rec.history['loss'],"o-",label="train",)
72      plt.plot(rec.history['val_loss'],"o-",label="test")
73      plt.title('loss history')
74      plt.xlabel('epochs')
75      plt.ylabel('loss')
76      plt.legend(loc='upper right')
77      plt.show()
78
```

```python
# ================================================================
# AutoEncoder の構築

ae = Sequential()
ae.add(Dense(500, input_dim = n_dim, activation='relu'))
ae.add(Dropout(0.2))
ae.add(Dense(250, activation='relu'))
ae.add(Dropout(0.5))
ae.add(Dense(125, activation='relu', name = 'encoder'))
ae.add(Dropout(0.5))
ae.add(Dense(250, activation='relu'))
ae.add(Dropout(0.5))
ae.add(Dense(500, activation='relu'))
ae.add(Dropout(0.5))
ae.add(Dense(n_dim, activation='relu'))

ae.compile(loss = 'mse', optimizer ='adam')
records_ae = ae.fit(X_trn, X_trn,
                    epochs=250,
                    batch_size=200,
                    shuffle=True,
                    validation_data=(X_tst, X_tst))

# 学習済み重みの保存
ae.save_weights('autoencoder.h5')
# ネットワークの概要
ae.summary()
# 損失関数値の履歴のプロット
```

```python
plot_history_loss(records_ae)

# ================================================================
# AutoEncoder で再構成した画像の表示
def plot_reconstructed_images():
    # テスト画像を AutoEncoder で変換
    decoded_imgs = ae.predict(X_tst)

    n = 10 #表示枚数
    plt.figure(figsize=(20, 4))
    for i in range(n):
     # 元画像の表示
        ax = plt.subplot(2, n, i+1)
        plt.imshow(X_tst[i].reshape(28, 28))
        plt.gray()
        ax.get_xaxis().set_visible(False)
        ax.get_yaxis().set_visible(False)

        # 再構成画像の表示
        ax = plt.subplot(2, n, i+1+n)
        plt.imshow(decoded_imgs[i].reshape(28, 28))
        plt.gray()
        ax.get_xaxis().set_visible(False)
        ax.get_yaxis().set_visible(False)
    plt.show()

# 関数を呼び出して再構成画像との比較表示
plot_reconstructed_images()
```

```
135
136  # ================================================================
137  # AutoEncoder の学習結果を用いて深層ニューラルネットワークを構成
         （DNN）
138
139  # AutoEncoder の学習結果（Encoder の学習済み重み）を取得
140  h = ae.get_layer('encoder').output
141  # 最終段にクラス数の分の出力を持つ softmax 関数を追加
142  y = Dense(n_out, activation='softmax', name='predictions')(h)
143
144  dnn = Model(inputs=ae.inputs, outputs=y)
145  dnn.compile(optimizer='adam', loss='categorical_crossentropy',
         metrics=['accuracy'])
146
147  records_dnn = dnn.fit(X_trn, y_trn,
148                        epochs=50,
149                        batch_size=200,
150                        shuffle=True,
151                        validation_data=(X_tst, y_tst))
152
153  # ネットワークの概要
154  dnn.summary()
155  # 学習履歴のプロット
156  plot_history_acc(records_dnn)
157  plot_history_loss(records_dnn)
158
159  # ================================================================
160  # AutoEncoder を使わない中間層 1 層の多層パーセプトロン（MLP）
```

```
161
162 mlp = Sequential()
163 mlp.add(Dense(500, input_dim = n_dim, activation='sigmoid'))
164 mlp.add(Dense(n_out, activation='softmax'))
165 mlp.compile(loss = 'categorical_crossentropy',
            optimizer ='adam', metrics = ['accuracy'])
166
167 records_mlp = mlp.fit(X_trn, y_trn,
168                 epochs=100,
169                 batch_size=200,
170                 validation_data=(X_tst, y_tst))
171
172 # ネットワークの概要
173 mlp.summary()
174
175 # ================================================================
176 # Accuracy の比較
177 loss_dnn, acc_dnn = dnn.evaluate(X_tst, y_tst, verbose=0)
178 loss_mlp, acc_mlp = mlp.evaluate(X_tst, y_tst, verbose=0)
179 print('===========')
180 print('Test accuracy (DNN):', acc_dnn)
181 print('Test accuracy (MLP):', acc_mlp)
182 print('===========')
```

　ここでも MNIST データを用いていますが，いくつか Keras 特有の前処理を行っています．42, 43 行目では入力データの値の範囲を [0,1] の間に変換しています．続く 47, 48 行目ではクラスラベルを One-hot encoding により 0 か 1 の値をもつベクトルに変換しています．たとえば，クラス"1"

は [0,1,0,0,0,0,0,0,0,0] となります．

60〜77行目は後で呼び出すために学習履歴をプロットする関数を定義しています．Kerasでは各学習エポックの損失関数の値と，識別の場合は正答率（Accuracy）が保存されており，変数 history で参照できます．関数 fit() の戻り値が Histroy オブジェクトとなっており，history は History オブジェクトの変数です．['loss'] で学習データに対する損失関数値，['val_loss'] で検証用データに対する損失関数値を参照できます．このサンプルではテストデータ＝検証用データとして使用しています．

82行目からはまずAutoEncoderのネットワーク構造を設定しています．Sequntialクラスのインスタンス ae を用意し，Sequentialクラスの関数 add を使用して，全結合のネットワークを設定しています．Dense() は第1引数に出力ノード数を指定し，input_dim で指定した入力ノード数を持つ全結合ネットワークを定義します．なお，入力層以外の入力ノード数は推定できるため省略可能です．activation で活性化関数を設定しますが，relu（Rectified Linear Unit：**ReLU**）は $h(x) = \max(0, x)$ となる非負関数です．MLPではシグモイド関数が使われていましたが，シグモイド関数よりも誤差をよく伝播してくれるため最近は活性化関数として ReLU がよく用いられています．過剰適合の抑制には，一定の割合で学習に使用しないノードを設ける **Dropout** がよく用いられます．Dropout は add 関数で Dropout 率を引数として設定できます．Dropout 率は最初の層は20%，そのほかの中間層は50%が推奨されていますので，このサンプルでも同様に設定しています．このように Sequential クラスのネットワークの構成は add 関数により容易に層を積み重ねることができます．出力層は自己写像とするため入力ノード数と同じに設定しておきます．

そして，95行目の compile では，損失関数（loss）の設定と最適化法（optimizer）の設定を行っています．ここでは損失関数は再構成誤差とするため平均二乗誤差（mse），最適化法には adam（Adaptive Moment Estimation：Adam）を設定しています．Adam は過去の勾配を指数関数による減少関数

で重み付き平均を取った確率的勾配降下法の一種です．近年の最適化法の中では Adam が全般的によい性能を示しています．96 行目では scikit-learn 同様に関数 fit() で学習を行います．引数の epochs は学習エポック数（繰返し回数），batch_size は確率的勾配降下法に用いるミニバッチのデータ数，shuffle はミニバッチの一巡ごとにデータをシャッフルするどうかの指定，validation_data は検証用データの指定です．戻り値として History オブジェクトを返すようになっており，後で学習履歴の表示に使用します．

学習済みの重みは save_weights() でバイナリ形式のファイルに出力することができます（103 行目）．このサンプルでは書き出しているだけで使用していません．続く 105 行目の関数 summary() は，設定したネットワークの概要を出力できます．ターミナル上に**図 2.16** の情報が表示されます．各層のノード数，パラメータ数（重みの数），Dropout の設定が確認できます．今回の場合，[input,500,250,125,250,500,784(=input)] というノード数の構

| Layer (type) | Output Shape | Param # |
| --- | --- | --- |
| dense_1 (Dense) | (None, 500) | 392500 |
| dropout_1 (Dropout) | (None, 500) | 0 |
| dense_2 (Dense) | (None, 250) | 125250 |
| dropout_2 (Dropout) | (None, 250) | 0 |
| encoder (Dense) | (None, 125) | 31375 |
| dropout_3 (Dropout) | (None, 125) | 0 |
| dense_3 (Dense) | (None, 250) | 31500 |
| dropout_4 (Dropout) | (None, 250) | 0 |
| dense_4 (Dense) | (None, 500) | 125500 |
| dropout_5 (Dropout) | (None, 500) | 0 |
| dense_5 (Dense) | (None, 784) | 392784 |

Total params: 1,098,909
Trainable params: 1,098,909
Non-trainable params: 0

**図 2.16** AutoEncoder のネットワーク構造概要

成になっており，重みパラメータの総数が1 098 909となっています．

先ほど説明したように Keras では History オブジェクトに学習履歴が保存されています．107 行目では先ほど定義した損失関数値をプロットする関数 plot_history_loss() を読み出してグラフをプロットしています．出力は**図 2.17** となります．学習が進むにつれて損失関数の値，すなわち AutoEncoder による再構成誤差が小さくなっていくようすがわかります．このサンプルでは 250 エポックで学習を打ち切っていますが，学習を継続すれば，もう少し再構成誤差を減少させることはできそうです．

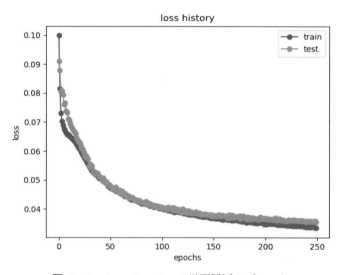

**図 2.17** AutoEncoder の学習履歴のプロット

111 行目からの plot_reconstructed_images() は元画像と学習済み AutoEncoder の出力（再構成画像）を並べて表示する関数です．scikit-learn 同様に関数 predict() で学習済み AutoEncoder の出力を得ることができます．ここではテストデータの最初の 10 枚を表示しています（**図 2.18**）．上段は元画像，下段が AutoEncoder による再構成画像です．一部，もとの数字とは異なる数字に見える画像もありますが，大方再構成できていそうです．

続いて，AutoEncoder で学習したネットワークを用いて**深層ニューラル**

**図 2.18** AutoEncoder による再構成画像

**ネットワーク**（Deep Neural Network：**DNN**）の学習を行います．140 行目では学習済みネットワークの重みを `get_layer('encoder').output` で取得しています．ここで'`encoder`' は 87 行目の `add()` の引数で名前を付けたネットワークです．積層されているので，ノード数は [input,500,250,125] となっています．ノード数を減らして次元圧縮を行っている部分を抽出してきています．142 行目では，これに最終段にクラス数分の出力ノードを追加して，多クラス分類のため活性化関数はソフトマックス関数に設定した全結合の層を追加しています．ソフトマックス関数は次式で与えられ，$j$ 番目の出力ノードの値 $a_j$ を指数関数で確率値に規格化しています．

$$\mathrm{softmax}(a_j) = \frac{\exp(a_j)}{\sum_k \exp(a_k)} \tag{2.5}$$

そして，`Model()` で入出力を指定し，続く `compile()` で最適化法，損失関数値と評価尺度を指定しています．ここでは多クラス分類のため，損失関数として交差エントロピー（'`categorial_crossentropy`'）を設定しています．交差エントロピーは二つの分布を比較して「近さ」具合を算出します．ここでは正解クラス（たとえば [0,1,0,0,0,0,0,0,0,0]）と上記のソフトマックス関数の出力値 10 クラスの分布を比較しています．これをすべてのデータについて合計を算出します．

学習については AntoEncoder と同様に `fit()` を呼び出すだけで簡単に行えます（147〜151 行目）．この DNN のネットワーク構造は**図 2.19** のようになっています．AutoEncoder の Encoder 部分が引き継がれて最後に predictions として 10 クラス分のノードをもつ出力層が追加されていることがわかります．

```
Layer (type)                 Output Shape              Param #
dense_1_input (InputLayer)   (None, 784)               0
dense_1 (Dense)              (None, 500)               392500
dropout_1 (Dropout)          (None, 500)               0
dense_2 (Dense)              (None, 250)               125250
dropout_2 (Dropout)          (None, 250)               0
encoder (Dense)              (None, 125)               31375
predictions (Dense)          (None, 10)                1260
Total params: 550,385
Trainable params: 550,385
Non-trainable params: 0
```

**図 2.19** AutoEncoder の学習済み重みを利用した深層ニューラルネットワークの構造概要

　学習履歴をプロットすると**図 2.20**(a)(b) のようになります．AutoEncoder で事前学習をしているため，少ないエポック数で収束しているようすがわかります．学習データに対する損失関数値は減少していますが，テストデータに対する損失関数値は 20 エポック以降で徐々に増加傾向にあります．これは過剰適合の傾向を表していますが，一方で正解率は落ちていません．これは交差エントロピーはソフトマックス関数の出力値で評価しており，一方，正解率はソフトマックス関数が最大になるクラスに分類した結果を評価しているためです．ソフトマックス関数の出力は若干悪くなっていますが，分類結果に影響するほどではなかったということを意味しています．しかし，一般に過剰適合の傾向が現れたら学習を停止したほうがよいです．

　最後に事前学習を行わない中間層が1層のみの多層パーセプトロン (MLP) と比較します．AutoEncoder と同様に Sequential クラスの add で層を追加していきます．DNN の中間層1層目に合わせて 500 ノードとし，活性化関数は MLP で標準的に用いられているシグモイド関数としました．出力層を追加した後，compile で DNN と同様に損失関数などを設定し，fit()

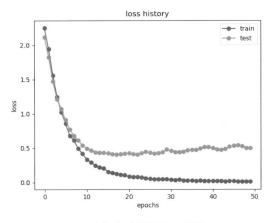

(a) 損失関数値の履歴

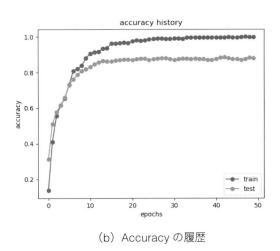

(b) Accuracyの履歴

**図 2.20** 深層ニューラルネットワークの学習履歴のプロット

で学習を実行します．実行結果は**図 2.21**となり，DNNによる分類性能の向上が確認できます．

以上，AutoEncoderによる事前学習を行う深層ニューラルネットワークの実装についてみていきました．ここでは取り上げていませんが，画像な

```
Test accuracy (DNN): 0.882
Test accuracy (MLP): 0.845
```

**図 2.21** DNN と MLP の Accuracy の比較

ら**畳込みニューラルネットワーク**（Convolutional Neural Network：**CNN**）が有名です．畳込み（パターンフィルタとのマッチング）とプーリング（ぼかしによる回転・拡大縮小の考慮）を何段も積み重ねて，最終段で識別を行います．また時系列データなら Long-Short Term Memory（**LSTM**）が有名です．どちらも Keras に実装されています．

# 第3章
# 機器の振動データに対する異常検知

　本章では，機器の振動データに対する異常検知の適用例をみていきます．まず最初に異常検知問題と，これまで紹介した識別問題との違いを説明し，scikit-learn に実装されている代表的な三つの異常検知法の概略を紹介します．そして，回転機械の転がり軸受けの損傷を想定した模擬実験データを用いた異常検知の適用例を Jupyter Notebook を使用して示します．本章では転がり軸受けを対象とした例を示しますが，一般に広く機器の作動音の異常検知に当てはまりますし，特徴ベクトル化した後の処理はかなり広範の異常検知に当てはまる内容です．

## 3.1　異常検知問題

　異常検知問題は，基本的には教師なし学習のタスクで異常データを検出する問題です．前提として，学習データのほとんどは正常データで，異常データは全くないか，あったとしてもごく少量とします．異常検知の基本的な考え方としては，図 3.1 に示すように特徴空間上で正常データは密集しており，一方，異常データは高密度部分から外れた位置にあるものとし

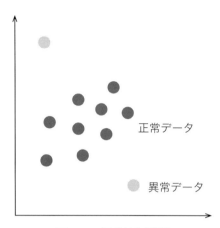

**図 3.1** 異常検知問題

て考えます．そして各データ点に対して異常度のスコアリングを行い，しきい値を決めてスコアに応じて検出します．異常度のスコアリングは，学習データを用いて正常データの範囲をモデル化して正常データから遠い点に対して異常度を高く見積もります．

異常データの種類には，ほかから遠い点を検出する外れ値検出や，時系列を考慮すると部分的にほかとは異なる挙動を示すような時系列上の変化点検知や異常部位検知の問題を含みます．本章で取り上げる振動データの異常検知は，生（raw）の振動データは時系列データですが，そこから特徴抽出を行って多次元ベクトルとして表現した後は，特徴空間内での外れ値検出の問題になります．

## 3.2 異常検知の評価方法

異常検知問題は，先にも述べたように通常，正常データに比べて異常データは極端に少ない状況ですので評価においても注意が必要です．2.1 節で述べたように，クラス間でデータ数に大きく偏りがある場合は，精度・再現率・$F$ 値で評価する必要があります．ただし，この場合は検出しきい値は

ある一定の値に決め打ちする必要があります．もしくは検出しきい値を変化させたときの ROC 曲線（2.2 節参照）とその下部面積の AUC で，しきい値全域に対する評価をします．ROC 曲線を描くことによって，正常データの誤検出率と異常データの検出率のバランスをみて，対象とするアプリケーションの要求と照らし合わせて検出しきい値を決めることができます．

## 3.3 代表的な異常検知法

ここでは scikit-learn version 0.19 に実装されている三つの異常検知法について紹介します．

**Local Outlier Factor**　Local Outlier Factor（LOF）はデータの密集度に基づいて異常度をスコアリングする方法です．正常データは特徴空間内で密集していて，異常データは正常データから離れてまばらに存在するものと仮定します．LOF はまずテストデータ点から $k$ 近傍のデータ $k$ 点を取ってきて，自身の局所到達可能密度と $k$ 近傍の平均局所到達可能密度の比（局所異常因子）によって異常度をスコアリングします．局所到達可能密度は対象とするデータ点からさらに近傍 $k$ 点までの平均距離の逆数で定義されます．その点の周囲にデータが密に存在していれば，平均距離は小さくなるため，局所到達可能密度は大きくなります．

　図 3.2 に LOF のイメージ図を示します．$k$ 近傍の $k = 3$ の例ですが，テストしたいデータ点からみて破線の円の内側に存在する 3 点を対象として，その 3 点についてさらに近傍 3 点までの距離から平均密度を計算します．両者の密度の比から異常度のスコアリングを行います．

**One-Class SVM**　2 クラス分類を行う識別器として紹介した SVM において正常データを 1 クラスとみなして，正常データとそれ以外を識別

# 第 3 章 機器の振動データに対する異常検知

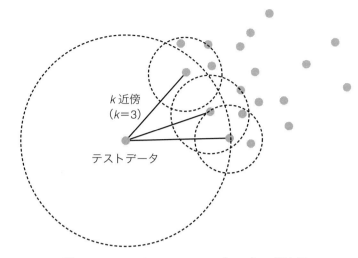

**図 3.2** Local Outlier Factor（LOF）の概念図

する問題に変形した One-Class SVM があります．通常の SVM は，識別超平面のマージンを最大化するように定式化されていますが，One-Class SVM ではなるべく多くの（正常の）学習データを含むような超球の半径と中心を求めます．One-Class SVM もカーネル関数を通すことによって，写像した高次元空間では超球を求めますが，元の入力データの空間では複雑な境界面を描くことができます．

**図 3.3** に One-Class SVM のイメージ図を示します．図 (a) は元の入力データの空間で，正常データ（図中の濃丸）はある程度かたまって存在しますが，異常データ（図中の薄丸）は外れた位置に存在するとします．ある写像関数を通すことで，図 (b) のように正常データは一か所に密集していて，異常データはそこから外れた位置に変換できたとします．One-Class SVM では，この写像後の空間で超球の最適な中心座標と半径を求めています．

**Isolation Forest** Isolation Forest（iForest）は，「正常データは密集しているため，特徴空間上で分割されにくい」，一方異常データはほか

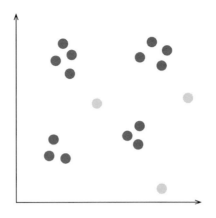

（a）入力データ空間

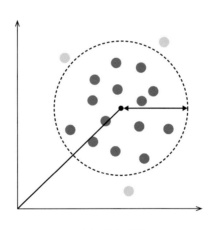

（b）特徴空間

**図 3.3** One-Class SVM の概念図

ら離れているため「空間の分割で孤立しやすい」という仮定に基づいています．ランダムに特徴量を選択し，ランダムに分割点を選ぶことを多数繰り返し，孤立されやすさを定量化してこれを異常度とみなしています．

**図 3.4** に iForest のイメージ図を示します．図 (a) は，密集部分に

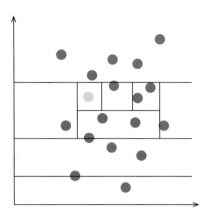

(a) 密集部分のデータ点の場合

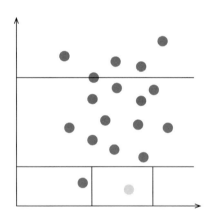

(b) 外れたデータ点の場合

**図 3.4** Isolation Forest の概念図

存在するデータ点（図の薄丸）を対象とする場合ですが，ランダムに特徴空間を分割していくと，そのデータ点のみ囲まれるように分割されるまで分割の期待値は大きくなります．一方，図 (b) のようにほかから外れたデータ点を対象とする場合は，分割回数の期待値が小さくなるのは直感的に納得がいくかと思います．

## 3.4 機器の異常検知の適用例

ここではモータや発電機などの回転機械の転がり軸受けの損傷を検出対象とします．転がり軸受けの損傷は回転機械の精度や運転効率だけでなく，機械全体に致命的なダメージを与える要因にもなりかねないため，損傷の早期検出は重要な研究課題となっています．従来は振幅やある統計量の平均値と標準偏差をもとに検出を行っていました（文献 [20, 19] など）．より微小な損傷の早期検出の必要性から，近年，機械学習による異常検知が試みられています（文献 [23, 18] など）．

汎用電動ポンプを想定した実験装置の概略図を**図 3.5** に示します．試験軸受けの軌道面にはく離を想定した人工欠陥を設け（**図 3.6**），運転中の振

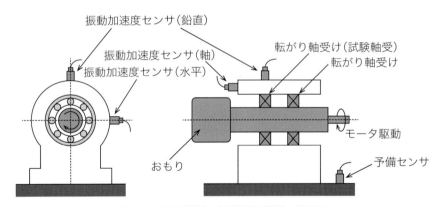

**図 3.5** 回転機械の損傷試験装置の概略図

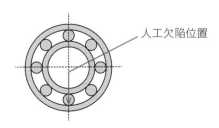

**図 3.6** 人工欠陥位置

動加速度から欠陥の検出精度を評価します．回転軸に対して，水平・垂直・軸方向の3軸方向，および土台に予備として計4か所に振動加速度センサを取り付けています．センサチャンネルごとに振動加速度データを一定の時間幅に切り出し，区間ごとに特徴抽出を行い特徴ベクトル化，そのデータ点ごとに異常検知を行います．学習データは人工欠陥のない正常な軸受けを用いたときの振動加速度データを用い，テストデータは正常な軸受けの振動加速度データと人工欠陥のある軸受けの振動加速度データを混合させて用意しています．ここでは特徴抽出後のデータ点に対して異常検知を行うため，異なる軸受けのデータを混合させてテストデータとしても評価試験としては問題ありません．

正常データと人工欠陥ありの異常データの振動加速度の例を**図 3.7** に示します．このサイズの微小人工欠陥は，振動音を人の耳で聞いただけでは区別できず，また従来の統計量の平均と標準偏差に基づく単純な方法でもほとんど区別できません．

## 3.5　特徴抽出

振動加速度データをある一定の時間幅に分割し，区間ごとに特徴抽出を行い特徴ベクトルを得ます．特徴量としては，バンドパスフィルタ処理後の時間領域，周波数領域，ケフレンシー領域の実効値，最大値，波高率，変調値，尖度，歪度を用いています．ここで，変調値はエンベロープ処理後の実効値としています．領域3種類×バンドパスフィルタ7種類×統計量6種類×センサ4か所の全504次元になります．このデータを入力として異常検知を行います．

## 3.6　各異常検知法の適用

ここでは，第1章でも少しふれた Jupyter Notebook というブラウザベー

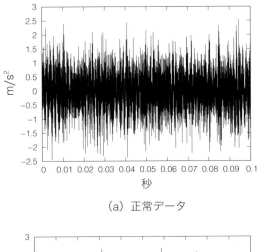

(a) 正常データ

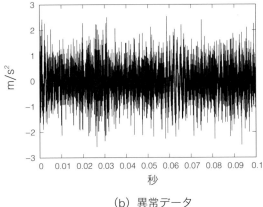

(b) 異常データ

**図 3.7** 振動加速度データの例

スの実行環境の使用例もあわせて示します．Jupyter Notebook はコードを部分的に逐次実行できたり，グラフなどの表示と統合されていたりと機械学習システムの開発に大変向いています．ぜひお手元に PC を用意して実際の画面を見ながら読み進めてください．なお，詳しい使い方は文献 [16] などを参照してください．Jupyter Notebook に示したソースコードは本章末にまとめて掲載しています．

## 3.6.1　異常検知のコード1（図3.8，ソースコード3.1）

まず，Pythonのglobというモジュールを利用してファイル一覧を取得しています．あらかじめフォルダdata/trainの中には正常データのみ入れてあります．このファイルには特徴抽出後の特徴ベクトルがCSV形式で保存されています．CSV形式の読み込みには，pandasのread_csv()を使用して，学習データとしてx_trainに格納しています．その次に，StandardScaler()を使用して各特徴量をzスコアに標準化しています．最後に確認として，学習データのデータ点数と特徴数を表示しています．今回の学習データは一定区間のデータ数は2 926点，特徴ベクトル504次元のデータとなっています．

```
In [1]: import pandas as pd
        from sklearn.preprocessing import StandardScaler
        import glob
        import numpy as np

        # フォルダ内のファイル一覧を取得
        files_normal = glob.glob('../data/train/*')

        # CSV形式のファイルを読み込み、学習データを全てx_trainに格納
        x_train = pd.DataFrame([])
        for file_name in files_normal:
            csv = pd.read_csv(filepath_or_buffer=file_name)
            x_train = pd.concat([x_train, csv])

        # StandardScalerでz標準化
        sc = StandardScaler()
        sc.fit(x_train)
        x_train_std = sc.transform(x_train)

        # データ点数と特徴数を確認
        print("training data size: (#data points, #features) = (%d, %d)"% x_train.shape)

        training data size: (#data points, #features) = (2926, 504)
```

**図 3.8**　Juypter Notebookの画面：異常検知のコード1

## 3.6.2　異常検知のコード2（図3.9，ソースコード3.2）

次に，これまで同様にテストデータと検証用データを用意します．検証用データは異常検知法のハイパーパラメータを調整するために使用します．学習データに含めてハイパーパラメータを調整すると学習データに過剰適合してしまうので，学習データとは別に用意しています．検証用データには異常データも含めます．例示しているプログラムでは正常データはテス

```
In [2]: # 同様にテストデータと検証用データ（ハイパーパラメータの調整用データ）の用意
        files_normal   = glob.glob('../data/test/Seg_D0*')
        files_anomaly1 = glob.glob('../data/test/Seg_D2*_01_*A*')
        files_anomaly2 = glob.glob('../data/test/Seg_D2*_01_*B*')

        # 正常データのラベルを1，異常データのラベルを-1としてテストデータ用y_test_true，検証用データ用y_valid_trueに
        格納
        x_test_normal, x_test_anomaly1, x_test_anomaly2, x_test, x_valid = pd.DataFrame([]), pd.DataFr
        ame([]), pd.DataFrame([]), pd.DataFrame([]), pd.DataFrame([])
        y_test_true, y_valid_true = [], []
        for file_name in files_normal:
            csv = pd.read_csv(filepath_or_buffer=file_name)
            x_test_normal = pd.concat([x_test_normal, csv])
            for i in range(0,len(csv)):
                y_test_true.append(1)
                y_valid_true.append(1)
        for file_name in files_anomaly1:
            csv = pd.read_csv(filepath_or_buffer=file_name)
            x_test_anomaly1 = pd.concat([x_test_anomaly1, csv])
            for i in range(0,len(csv)):
                y_test_true.append(-1)
        for file_name in files_anomaly2:
            csv = pd.read_csv(filepath_or_buffer=file_name)
            x_test_anomaly2 = pd.concat([x_test_anomaly2, csv])
            for i in range(0,len(csv)):
                y_valid_true.append(-1)

        # テストデータx_test，検証用データx_validを正常データと異常データを組み合わせて用意し，z標準化
        x_test = pd.concat([x_test_normal, x_test_anomaly1])
        x_valid = pd.concat([x_test_normal, x_test_anomaly2])
        x_test_std = sc.transform(x_test)
        x_valid_std = sc.transform(x_valid)

        # 正常データ数，異常データ数（テストデータ），テストデータ総数，検証用データ総数を確認
        print("data size: (#normal data, #anomaly deata, #test total, #valid total) = (%d, %d, %d, %d)
        "% (x_test_normal.shape[0], x_test_anomaly1.shape[0], x_test.shape[0], x_valid.shape[0]))

        data size: (#normal data, #anomaly deata, #test total, #valid total) = (1463, 133, 1596, 1596
        )
```

**図 3.9** Juypter Notebook の画面：異常検知のコード 2

トデータと共用してしまっていますが，正常データについても別にしたほうが公正です．正解クラスのラベルは正常データを 1，異常データを −1 としてテストデータを y_test_true，検証用データを y_valid_true にそれぞれ格納しています．正常データは 1463 点，異常データは 133 点，テストデータと検証用データは 1596 点ずつとなっています．

## 3.6.3 異常検知のコード 3：LOF（図 3.10, ソースコード 3.3）

ここまでで準備した学習データ・検証用データ・テストデータを使用して LOF で異常検知を行い結果を評価します．LOF では，$k$ 近傍法と同様に近傍数がハイパーパラメータになっていますので，近傍数を変化させて各近傍数に対する評価値を得ます．まず，scikit-learn の LOF のクラス

```
In [10]: # Local Outlier Factor
         from sklearn.neighbors import LocalOutlierFactor

         # LOFの近傍数kを変化させて検証用データに対するF値を取得
         idx, f_score = [], []
         for k in range(1,11):
             lof = LocalOutlierFactor(n_neighbors=k)
             lof.fit(x_train_std)
             f_score.append(validation(y_valid_true, lof._predict(x_valid_std)))
             idx.append(k)

         # F値が最大となる近傍数kを取得し，LOFに再適合
         plot_fscore_graph('n_neighbors', idx, f_score)
         best_k = np.argmax(f_score)+1
         lof = LocalOutlierFactor(n_neighbors=best_k)
         lof.fit(x_train_std)

         # 最適な近傍数を使用して，テストデータに対する結果を表示
         print("--------------------")
         print("Local Outlier Factor result (n_neighbors=%d)" % best_k)
         print("--------------------")
         print_precision_recall_fscore(y_test_true, lof._predict(x_test_std))
         print("--------------------")
         print_roc_curve(y_test_true, lof._decision_function(x_test_std))
```

**図 3.10** Juypter Notebook の画面：異常検知のコード 3

LocalOutlierFactor() のインスタンス lof を生成し，fit で学習データに適合させています．引数の n_neighbors が近傍数で，1 から 10 まで for ループで変化させています．それぞれの近傍数の LOF に対して検証データを用いて $F$ 値の評価を別途定義した関数 validation() で行っています．関数 validation() については後ほど説明します（図 3.19）．ここで第 2 引数の lof._predict(x_valid_std)[*1] は，局所異常因子を異常度としてあるしきい値で切ったときの正常/異常の 2 値ラベルを返します．

その後の plot_fscore_graph() は別途定義した近傍数と $F$ 値の関係のグラフをプロットする関数です（後述，図 3.20）．そして，numpy の argmax() で $F$ 値が最大となるインデックスを取得していますが，インデックスは 0 から始まるので，近傍数を合わせるために +1 して，最適な近傍数として best_k に格納しています．その後，best_k を用いて LOF を学習データに再適合させています．

最後の print_precision_recall_fscore() は別途定義した平均精度・平均再現率・平均 $F$ 値および混同行列（Confusion Matrix）を表示する関数

---

[*1] 異常度スコアの取得には _predict() という関数が使用できますが，One-Class SVM や iForest と違って LOF の関数 predict は内部化されていますので _（アンダーバー）が必要です（scikit-learn version 0.19）．decision_function() についても同様です．

です．`print_roc_curve()` は ROC 曲線を描画する関数で，これらを使用してテストデータに対する結果を表示しています（後述，図 3.17，3.18）．

異常検知のコード 3 の出力結果は**図 3.11** のようになります．最初のグ

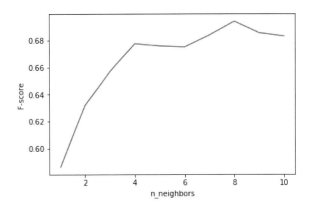

```
--------------------
Local Outlier Factor result (n_neighbors=8)
--------------------
Ave. Precision 0.6798, Ave. Recall 0.7967, Ave. F-score 0.7166
Confusion Matrix
    anomaly  normal
0        92      41
1       144    1319
--------------------
```

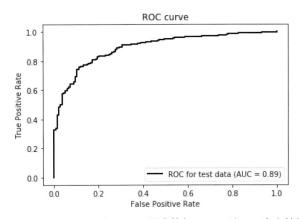

**図 3.11** 異常検知のコード 3 の出力結果

ラフは近傍数を変化させたときの検証データに対する $F$ 値のグラフで，近傍数 8 でピークを示しています．その下は近傍数 8 の LOF を再適合させた後，テストデータに対する正常側と異常側の平均精度・平均再現率・平均 $F$ 値，さらに混同行列には行方向に LOF の判定結果，列方向に正解クラス（0：異常，1：正常）の数を示しています．この場合，異常データ 133 点中 92 点を LOF は異常と判定していますが，一方で正常データ 144 点を誤って異常と判定してしまっています．この結果は異常度のスコアに基づいてある値で切った結果ですので，しきい値全域に対する評価はその下の ROC 曲線とその下部面積 AUC の値をみます．横軸は False Positive Rate，縦軸は True Positive Rate でグラフが左上に行くほどよい結果といえます．

### 3.6.4　異常検知のコード 4：One-Class SVM（図 3.12, ソースコード 3.4）

　続いて One-Class SVM（OCSVM）を適用してみます．LOF とほぼ同様ですが，OCSVM は SVM 同様にカーネル関数のハイパーパラメータが多いので，コードが長くなっています．まず最初に探索するハイパーパラメータのリストを用意しています．`gamma` は RBF カーネル，多項式カーネル，シグモイドカーネルで使用する係数のパラメータ，`coef0` は多項式カーネル，シグモイドカーネルで使用する定数項のパラメータ，`degree` は多項式カーネルでのみ使用する次数のパラメータです．詳しくは scikit-learn API リファレンスの `OneClassSVM` の Web ページを参照してください．

　パラメータが複数ある場合は，`itertools` の関数 `product()` を利用してパラメータリストにある値のすべての組合せを生成しています．組合せで実行時間がかかりますので，データ数・計算リソースとの兼ね合いですが，このサンプルプログラムでは探索するパラメータは少なめにしています．十分な計算リソースがある場合はよいですが，実用的には最初は粗めに探索して範囲の目星をつけて，徐々に細かく探索するとよいです．

In [9]:
```python
# One-class SVM
from sklearn.svm import OneClassSVM
import itertools

# 探索するハイパーパラメータリスト
gamma = [0.001, 0.005, 0.01]
coef0 = [0.1, 1.0, 5.0]
degree = [1, 2, 3]

# RBFカーネルのバンド幅パラメータγを変化させて検証用データに対するF値を取得
idx, f_score = [], []
for r in gamma:
    ocsvm_rbf = OneClassSVM(kernel='rbf', gamma=r)
    ocsvm_rbf.fit(x_train_std)
    f_score.append(validation(y_valid_true, ocsvm_rbf.predict(x_valid_std)))

# F値が最大となるバンド幅γを取得し，One-class SVM(RBFカーネル)に再適合
plot_fscore_graph('gamma', gamma, f_score)
best_rbf_gamma = gamma[np.argmax(f_score)]
print("RBF kernel(best); gamma:%2.4f, f-score:%.4f"% (best_rbf_gamma, np.max(f_score)))
ocsvm_rbf = OneClassSVM(kernel='rbf', gamma=best_rbf_gamma)
ocsvm_rbf.fit(x_train_std)

# 多項式カーネルのパラメータ（次数d，係数γ，定数項c）を変化させて検証用データに対するF値を取得
idx, f_score = [],[]
for d, r, c in itertools.product(degree, gamma, coef0):
    ocsvm_poly = OneClassSVM(kernel='poly', degree=d, gamma=r, coef0=c)
    ocsvm_poly.fit(x_train_std)
    f_score.append(validation(y_valid_true, ocsvm_poly.predict(x_valid_std)))
    idx.append([d,r,c])

# F値が最大となるパラメータの組合せを取得し，One-class SVM(多項式カーネル)に再適合
best_idx = idx[np.argmax(f_score)]
print("Polynomial kernel(best); degree:%1d, gamma:%.4f, coef0:%3.2f, f-score:%.4f" % (best_idx[0], best_idx[1], best_idx[2], np.max(f_score)))
ocsvm_poly = OneClassSVM(kernel='poly', degree=best_idx[0], gamma=best_idx[1], coef0=best_idx[2])
ocsvm_poly.fit(x_train_std)

# シグモイドカーネルの係数γを変化させて検証用データに対するF値を取得
idx, f_score = [],[]
for r, c in itertools.product(gamma, coef0):
    ocsvm_smd = OneClassSVM(kernel='sigmoid', gamma=r, coef0=c)
    ocsvm_smd.fit(x_train_std)
    f_score.append(validation(y_valid_true, ocsvm_smd.predict(x_valid_std)))
    idx.append([r,c])

# F値が最大となる係数γを取得し，One-class SVM(シグモイドカーネル)に再適合
best_idx = idx[np.argmax(f_score)]
print("Sigmoid kernel(best); gamma:%.4f, coef0:%2.2f, f-score:%.4f" % (best_idx[0], best_idx[1], np.max(f_score)))
ocsvm_smd = OneClassSVM(kernel='sigmoid', gamma=best_idx[0], coef0=best_idx[1])
ocsvm_smd.fit(x_train_std)

# 最適なパラメータを用いたRBFカーネル，多項式カーネル，シグモイドカーネルのテストデータに対する結果を表示
print("--------------------")
print("One-class SVM result")
print("--------------------")
print("rbf kernel")
print_precision_recall_fscore(y_test_true, ocsvm_rbf.predict(x_test_std))
print("--------------------")
print("polynomial kernel")
print_precision_recall_fscore(y_test_true, ocsvm_poly.predict(x_test_std))
print("--------------------")
print("sigmoid kernel")
print_precision_recall_fscore(y_test_true, ocsvm_smd.predict(x_test_std))
print("--------------------")
print_roc_curve_svm(y_test_true, ocsvm_rbf.decision_function(x_test_std), ocsvm_poly.decision_function(x_test_std), ocsvm_smd.decision_function(x_test_std))
```

図 3.12　Jupyter Notebook の画面：異常検知のコード 4

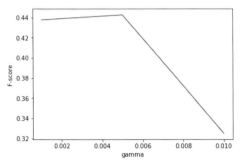

```
RBF kernel(best); gamma:0.0050, f-score:0.4426
Polynomial kernel(best); degree:2, gamma:0.0100, coef0:5.00, f-score:0.4079
Sigmoid kernel(best); gamma:0.0050, coef0:5.00, f-score:0.3695
--------------------
One-class SVM result
--------------------
rbf kernel
Ave. Precision 0.5596, Ave. Recall 0.6934, Ave. F-score 0.4437
Confusion Matrix
   anomaly  normal
0      120      13
1      754     709
--------------------
polynomial kernel
Ave. Precision 0.5058, Ave. Recall 0.5191, Ave. F-score 0.4056
Confusion Matrix
   anomaly  normal
0       70      63
1      714     749
--------------------
sigmoid kernel
Ave. Precision 0.4890, Ave. Recall 0.4641, Ave. F-score 0.3751
Confusion Matrix
   anomaly  normal
0       60      73
1      765     698
--------------------
```

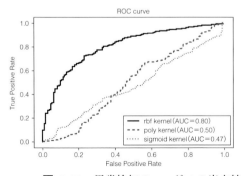

**図 3.13** 異常検知のコード 4 の出力結果（下図は一部作図）

異常検知のコード 4 の出力結果は**図 3.13** のようになります．最初のグラフは RBF カーネルにおいて gamma を変化させたときの $F$ 値のグラフで，gamma=0.005 でピークを示しています．その下に RBF カーネル，多項式カーネル，シグモイドカーネルそれぞれについて最適パラメータを再適合させた後のテストデータに対する $F$ 値と混同行列を示しています．この中では RBF カーネルが一番よい $F$ 値となっていますが，正常データを異常と誤判別した数は半数ほどあるため，値としては低くなっています．

最後のグラフは三つのカーネル関数に対する ROC 曲線を描画しています．ROC 曲線と AUC の値からも RBF カーネルが最もよく，一方，多項式カーネルとシグモイドカーネルは，設定した探索パラメータの範囲内ではほぼランダムな判別結果と変わらない結果となりました．

### 3.6.5　異常検知のコード 5：Isolation Forest（図 3.14，ソースコード 3.5）

LOF，OCSVM と同様に Isolation Forest（iForest）も適用してみます．アンサンブルする木の数がハイパーパラメータになっていますので，

```
In [11]:  # IsolationForest (iForest)
          from sklearn.ensemble import IsolationForest

          # 探索するハイパーパラメータのリスト
          estimators_params = [50, 100, 150, 200]

          # アンサンブルする識別器の数 n_estimators を変化させて検証用データに対するF値を取得
          idx, f_score = [], []
          for k in estimators_params:
              IF = IsolationForest(n_estimators=k, random_state=2)
              IF.fit(x_train_std)
              f_score.append(validation(y_valid_true, IF.predict(x_valid_std)))
              idx.append(k)

          # F値が最大となるアンサンブル数を取得し, iForestを再適合
          plot_fscore_graph('n_estimators', idx, f_score)
          best_k = idx[np.argmax(f_score)]
          IF = IsolationForest(n_estimators=best_k, random_state=2)
          IF.fit(x_train_std)

          # 最適なアンサンブル数を使用して, テストデータに対する結果を表示
          print("----------------------")
          print("IsolationForest result (n_estimators=%d)" % best_k)
          print("----------------------")
          print_precision_recall_fscore(y_test_true, IF.predict(x_test_std))
          print("----------------------")
          print_roc_curve(y_test_true, IF.decision_function(x_test_std))
```

**図 3.14**　Jupyter Notebook の画面：異常検知のコード 5

estimators_params に探索リストを用意して検証データで最もよいアンサンブル数を探します．結果は**図 3.15** のようになります．一つめのグラフはアンサンブル数を変化させたときの $F$ 値のグラフで，この探索範囲の中では 100 のときにピークになっています．その下はこれまでと同様に，最適なパラメータを再適合させてテストデータに対する $F$ 値，混同行列および ROC 曲線を示しています．

## 3.6.6　異常検知のコード 6：それぞれの比較（図 3.16，ソースコード 3.6）

最後にパラメータを調整した後の LOF，OCSVM，iForest を比較してみます（**図 3.16**）．LOF が AUC=0.89 と最もよく，続いて iForest が 0.82 で OCSVM の 0.80 よりも若干よいことがわかります．

OCSVM は特徴空間全体に同じ形の分布が存在する場合にはうまく働きますが，正常データの中で多様な分布をしている場合は一つのカーネル関数で空間全体を表現するのは難しくなってきます．極端な場合として，たとえばいくつかの多変量正規分布で構成されている場合にはうまく働きます．

iForest は特徴選択と分割をランダムに行ってアンサンブルしていますが，今回のような比較的次元数の高いデータではその組合せは膨大な数になりますので，なかなかうまく働かないものと思われます．

LOF は近傍法ベースの手法ですので，それなりにサンプル数がある場合は複雑な境界面を描くことができます．正常データでも多様性がある今回の回転機械の振動加速度データに適していたと解釈できます．LOF は近傍数のパラメータ一つでよい性能を出していますが，モデルを作らない手法ですので，テスト時も計算コストの高い方法となります．

今回は特徴量についてはなにも考えずにすべて用いましたが，有効な特徴量を選別する，さらに有効な特徴量の候補を加えるなどすることで性能向上の余地はあります（文献 [24]）．

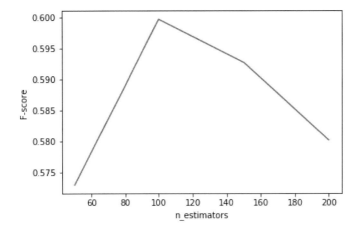

```
--------------------
IsolationForest result (n_estimators=100)
--------------------
Ave. Precision 0.6240, Ave. Recall 0.6863, Ave. F-score 0.6449
Confusion Matrix
     anomaly   normal
0         63       70
1        148     1315
--------------------
```

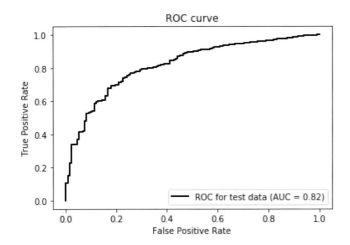

図 3.15　Jupyter Notebook の画面：異常検知のコード 5 の出力結果

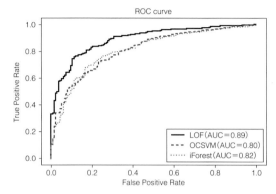

**図 3.16** Jupyter Notebook の画面：異常検知のコード 6 と出力結果（下図は一部作図）

## 3.6.7 別途定義した関数

異常検知のコード 3 で説明を飛ばした別途定義した関数について，図 3.17〜図 3.20 に示します．**図 3.17** は scikit-learn の `precision_recall_fscore_support()` を使用して，正常側と異常側に対する精度・再現率・$F$ 値の平均を出力しています．また，混同行列も sikit-learn の `confusion_matrix()` を使用して求めていますが，Jupyter では pandas の DataFrame 形式で出力すると表を描いてくれます．

**図 3.18** は正解ラベルのリストと異常検知器の出力値（scikit-learn では `decision_function`）を受け取って，ROC 曲線を描画する関数です．この

```
In [6]:  from sklearn.metrics import precision_recall_fscore_support,confusion_matrix

         # 平均精度，平均再現率，平均F値，ならびに混同行列を表示する関数
         def print_precision_recall_fscore(y_true, y_pred):
             prec_rec_f = precision_recall_fscore_support(y_true, y_pred)
             print("Ave. Precision %.4f, Ave. Recall %.4f, Ave. F-score %.4f"% (np.average(prec_rec_f[0
         ]), np.average(prec_rec_f[1]), np.average(prec_rec_f[2])))
             print("Confusion Matrix")
             df = pd.DataFrame(confusion_matrix(y_true, y_pred))
             df.columns = [u'anomaly', u'normal']
             print(df)
```

**図 3.17** 平均精度・平均再現率・平均 $F$ 値および混同行列を表示する関数

## 3.6 各異常検知法の適用

```
In [5]: from sklearn.metrics import roc_curve, roc_auc_score
        import matplotlib.pyplot as plt

        def plot(plt):
            plt.xlim([-0.05, 1.05])
            plt.ylim([-0.05, 1.05])
            plt.xlabel('False Positive Rate')
            plt.ylabel('True Positive Rate')
            plt.title('ROC curve')
            plt.legend(loc="lower right")

            plt.show()

        # 正解ラベル (y_true) と識別関数の出力値 (decision_function) を受け取って，ROC曲線を描画する関数
        def print_roc_curve(y_true, decision_function):
            fpr, tpr, thresholds = roc_curve(y_true, decision_function, pos_label=1)
            roc_auc = roc_auc_score(y_true, decision_function)
            plt.plot(fpr, tpr, 'k--',label='ROC for test data (AUC = %0.2f)' % roc_auc, lw=2, linestyle="-")

            plot(plt)

        # 同じくROC曲線を描画する関数 (SVMのカーネル比較用)
        def print_roc_curve_svm(y_true, decision_function_rbf, decision_function_poly, decision_function_smd):
            fpr, tpr, thresholds = roc_curve(y_true, decision_function_rbf, pos_label=1)
            roc_auc = roc_auc_score(y_true, decision_function_rbf)
            plt.plot(fpr, tpr, 'k--',label='rbf kernel (AUC = %0.2f)' % roc_auc, lw=2, linestyle="-", color="r")

            fpr, tpr, thresholds = roc_curve(y_true, decision_function_poly, pos_label=1)
            roc_auc = roc_auc_score(y_true, decision_function_poly)
            plt.plot(fpr, tpr, 'k--',label='poly kernel (AUC = %0.2f)' % roc_auc, lw=2, linestyle="-", color="g")

            fpr, tpr, thresholds = roc_curve(y_true, decision_function_smd, pos_label=1)
            roc_auc = roc_auc_score(y_true, decision_function_smd)
            plt.plot(fpr, tpr, 'k--',label='sigmoid kernel (AUC = %0.2f)' % roc_auc, lw=2, linestyle="-", color="b")

            plot(plt)

        # 同じくROC曲線を描画する関数 (識別器比較用)
        def print_roc_curve_all(y_true, decision_function_lof, decision_function_ocsvm, decision_function_iForest):
            fpr, tpr, thresholds = roc_curve(y_true, decision_function_lof, pos_label=1)
            roc_auc = roc_auc_score(y_true, decision_function_lof)
            plt.plot(fpr, tpr, 'k--',label='LOF (AUC = %0.2f)' % roc_auc, lw=2, linestyle="-", color="r")

            fpr, tpr, thresholds = roc_curve(y_true, decision_function_ocsvm, pos_label=1)
            roc_auc = roc_auc_score(y_true, decision_function_ocsvm)
            plt.plot(fpr, tpr, 'k--',label='OCSVM (AUC = %0.2f)' % roc_auc, lw=2, linestyle="-", color="g")

            fpr, tpr, thresholds = roc_curve(y_true, decision_function_iForest, pos_label=1)
            roc_auc = roc_auc_score(y_true, decision_function_iForest)
            plt.plot(fpr, tpr, 'k--',label='iForest (AUC = %0.2f)' % roc_auc, lw=2, linestyle="-", color="b")

            plot(plt)
```

**図 3.18** ROC 曲線を描画する関数

サンプルではわかりやすいように，SVM のカーネル比較用，識別器比較用などに分けていますが，同じグラフに追加書き込みしていく方法もあります．

```
In [4]: from sklearn.metrics import precision_recall_fscore_support
        # 正常クラスと異常クラスに対する平均F値を返す関数
        def validation(y_valid_true, y_valid_pred):
            prec_rec_f = precision_recall_fscore_support(y_valid_true, y_valid_pred)
            return np.average(prec_rec_f[2])
```

図 3.19　平均 $F$ 値を返す関数

図 3.19 は検証データに対する平均 $F$ 値を返す関数です．用いている関数は先ほどと同じですが $F$ 値を戻り値として返しています．

最後の図 3.20 はあるパラメータに対する $F$ 値のグラフを描画する関数です．

```
In [3]: import matplotlib.pyplot as plt
        # ハイパーパラメータ(idx_name)を変化させたときのF値のグラフ描画用関数
        def plot_fscore_graph(idx_name, idx, f_score):
            plt.plot(idx, f_score)
            plt.xlabel(idx_name)
            plt.ylabel('F-score')
            plt.show()
```

図 3.20　$F$ 値のグラフを描画する関数

## 3.7　まとめ

本章では回転機器の振動データに対する異常検知の適用例を紹介しました．特徴抽出部以外は振動データに限った話ではありませんので，特徴ベクトルで表現されるデータに対する異常検知に広く共通します．このように最近では scikit-learn に複数の異常検知法が実装されていますので，容易に比較検討することができます．

## 3.8　本章で用いたソースコード一覧

ソースコード 3.1　異常検知のコード 1

```
1  import pandas as pd
```

## 3.8 本章で用いたソースコード一覧

```
2   from sklearn.preprocessing import StandardScaler
3   import glob
4   import numpy as np
5
6   # フォルダ内のファイル一覧を取得
7   files_normal = glob.glob('../data/train/*')
8
9   # CSV 形式のファイルを読み込み,学習データをすべて x_train に格納
10  x_train = pd.DataFrame([])
11  for file_name in files_normal:
12      csv = pd.read_csv(filepath_or_buffer=file_name)
13      x_train = pd.concat([x_train, csv])
14
15  # StandardScaler で z 標準化
16  sc = StandardScaler()
17  sc.fit(x_train)
18  x_train_std = sc.transform(x_train)
19
20  # データ点数と特徴数を確認
21  print("training data size: (#data points, #features)
        = (%d, %d)"% x_train.shape)
```

**ソースコード 3.2** 異常検知のコード 2

```
1   # 同様にテストデータと検証用データ(ハイパーパラメータの調整用デー
        タ)の用意
2   files_normal   = glob.glob('../data/test/Seg_D0*')
3   files_anomaly1 = glob.glob('../data/test/Seg_D2*_01_*A*')
4   files_anomaly2 = glob.glob('../data/test/Seg_D2*_01_*B*')
```

```python
 5
 6  # 正常データのラベルを 1，異常データのラベルを -1 としてテストデータ
    #   用 y_test_true，検証用データ用 y_valid_true に格納
 7  x_test_normal, x_test_anomaly1, x_test_anomaly2, \
        x_test, x_valid = pd.DataFrame([]), pd.DataFrame([]), \
        pd.DataFrame([]), pd.DataFrame([]), pd.DataFrame([])
 8  y_test_true, y_valid_true = [], []
 9  for file_name in files_normal:
10      csv = pd.read_csv(filepath_or_buffer=file_name)
11      x_test_normal = pd.concat([x_test_normal, csv])
12      for i in range(0,len(csv)):
13          y_test_true.append(1)
14          y_valid_true.append(1)
15  for file_name in files_anomaly1:
16      csv = pd.read_csv(filepath_or_buffer=file_name)
17      x_test_anomaly1 = pd.concat([x_test_anomaly1, csv])
18      for i in range(0,len(csv)):
19          y_test_true.append(-1)
20  for file_name in files_anomaly2:
21      csv = pd.read_csv(filepath_or_buffer=file_name)
22      x_test_anomaly2 = pd.concat([x_test_anomaly2, csv])
23      for i in range(0,len(csv)):
24          y_valid_true.append(-1)
25
26  # テストデータ x_test，検証用データ x_valid を正常データと異常データ
    #   を組み合わせて用意し，z 標準化
27  x_test = pd.concat([x_test_normal, x_test_anomaly1])
28  x_valid = pd.concat([x_test_normal, x_test_anomaly2])
```

```
29  x_test_std = sc.transform(x_test)
30  x_valid_std = sc.transform(x_valid)
31
32  # 正常データ数，異常データ数（テストデータ），テストデータ総数，検
        証用データ総数を確認
33  print("data size: (#normal data, #anomaly deata, #test total,
        #valid total) = (%d, %d, %d, %d)"% (x_test_normal.shape[0],
        x_test_anomaly1.shape[0], x_test.shape[0],
        x_valid.shape[0]))
```

ソースコード 3.3　異常検知のコード 3

```
1   # Local Outlier Factor
2   from sklearn.neighbors import LocalOutlierFactor
3
4   # LOF の近傍数 k を変化させて検証用データに対する F 値を取得
5   idx, f_score = [], []
6   for k in range(1,11):
7       lof = LocalOutlierFactor(n_neighbors=k)
8       lof.fit(x_train_std)
9       f_score.append(validation(y_valid_true,
            lof._predict(x_valid_std)))
10      idx.append(k)
11
12  # F 値が最大となる近傍数 k を取得し，LOF に再適合
13  plot_fscore_graph('n_neighbors', idx, f_score)
14  best_k = np.argmax(f_score)+1
15  lof = LocalOutlierFactor(n_neighbors=best_k)
16  lof.fit(x_train_std)
```

```python
17
18  # 最適な近傍数を使用して，テストデータに対する結果を表示
19  print("--------------------")
20  print("Local Outlier Factor result (n_neighbors=%d)" % best_k)
21  print("--------------------")
22  print_precision_recall_fscore(y_test_true,
        lof._predict(x_test_std))
23  print("--------------------")
24  print_roc_curve(y_test_true,
        lof._decision_function(x_test_std))
```

**ソースコード 3.4** 異常検知のコード 4

```python
1   # One-class SVM
2   from sklearn.svm import OneClassSVM
3   import itertools
4
5   # 探索するハイパーパラメータリスト
6   gamma = [0.001, 0.005, 0.01]
7   coef0 = [0.1, 1.0, 5.0]
8   degree = [1, 2, 3]
9
10  # RBF カーネルのバンド幅パラメータ γ を変化させて検証用データに対す
        る F 値を取得
11  idx, f_score = [], []
12  for r in gamma:
13      ocsvm_rbf = OneClassSVM(kernel='rbf', gamma=r)
14      ocsvm_rbf.fit(x_train_std)
15      f_score.append(validation(y_valid_true,
```

```
            ocsvm_rbf.predict(x_valid_std)))
16
17   # F 値が最大となるバンド幅 γ を取得し，One-class SVM（RBF カーネル）
         に再適合
18   plot_fscore_graph('gamma', gamma, f_score)
19   best_rbf_gamma = gamma[np.argmax(f_score)]
20   print("RBF kernel(best); gamma:%2.4f, f-score:%.4f"%
         (best_rbf_gamma, np.max(f_score)))
21   ocsvm_rbf = OneClassSVM(kernel='rbf', gamma=best_rbf_gamma)
22   ocsvm_rbf.fit(x_train_std)
23
24   # 多項式カーネルのパラメータ（次数 d，係数 γ，定数項 c）を変化させて
         検証用データに対する F 値を取得
25   idx, f_score = [],[]
26   for d, r, c in itertools.product(degree, gamma, coef0):
27       ocsvm_poly = OneClassSVM(kernel='poly', degree=d,
         gamma=r, coef0=c)
28       ocsvm_poly.fit(x_train_std)
29       f_score.append(validation(y_valid_true,
         ocsvm_poly.predict(x_valid_std)))
30       idx.append([d,r,c])
31
32   # F 値が最大となるパラメータの組合せを取得し，One-class SVM（多項式
         カーネル）に再適合
33   best_idx = idx[np.argmax(f_score)]
34   print("Polynomial kernel(best); degree:%1d, gamma:%.4f,
         coef0:%3.2f, f-score:%.4f" % (best_idx[0], best_idx[1],
         best_idx[2], np.max(f_score)))
```

```python
35  ocsvm_poly = OneClassSVM(kernel='poly', degree=best_idx[0],
        gamma=best_idx[1], coef0=best_idx[2])
36  ocsvm_poly.fit(x_train_std)
37
38  # シグモイドカーネルの係数γを変化させて検証用データに対するF値を
        取得
39  idx, f_score = [],[]
40  for r, c in itertools.product(gamma, coef0):
41      ocsvm_smd = OneClassSVM(kernel='sigmoid', gamma=r, coef0=c)
42      ocsvm_smd.fit(x_train_std)
43      f_score.append(validation(y_valid_true,
            ocsvm_smd.predict(x_valid_std)))
44      idx.append([r,c])
45
46  # F値が最大となる係数γを取得し，One-class SVM（シグモイドカーネ
        ル）に再適合
47  best_idx = idx[np.argmax(f_score)]
48  print("Sigmoid kernel(best); gamma:%.4f, coef0:%2.2f,
        f-score:%.4f" % (best_idx[0], best_idx[1],
        np.max(f_score)))
49  ocsvm_smd = OneClassSVM(kernel='sigmoid', gamma=best_idx[0],
        coef0=best_idx[1])
50  ocsvm_smd.fit(x_train_std)
51
52  # 最適なパラメータを用いたRBFカーネル，多項式カーネル，シグモイド
        カーネルのテストデータに対する結果を表示
53  print("--------------------")
54  print("One-class SVM result")
```

```
55  print("--------------------")
56  print("rbf kernel")
57  print_precision_recall_fscore(y_test_true,
        ocsvm_rbf.predict(x_test_std))
58  print("--------------------")
59  print("polynomial kernel")
60  print_precision_recall_fscore(y_test_true,
        ocsvm_poly.predict(x_test_std))
61  print("--------------------")
62  print("sigmoid kernel")
63  print_precision_recall_fscore(y_test_true,
        ocsvm_smd.predict(x_test_std))
64  print("--------------------")
65  print_roc_curve_svm(y_test_true,
        ocsvm_rbf.decision_function(x_test_std),
        ocsvm_poly.decision_function(x_test_std),
        ocsvm_smd.decision_function(x_test_std))
```

**ソースコード 3.5** 異常検知のコード 5

```
1  # IsolationForest (iForest)
2  from sklearn.ensemble import IsolationForest
3
4  # 探索するハイパーパラメータのリスト
5  estimators_params = [50, 100, 150, 200]
6
7  # アンサンブルする識別器の数 n_estimators を変化させて検証用データ
      に対する F 値を取得
8  idx, f_score = [], []
```

```
9   for k in estimators_params:
10      IF = IsolationForest(n_estimators=k, random_state=2)
11      IF.fit(x_train_std)
12      f_score.append(validation(y_valid_true,
            IF.predict(x_valid_std)))
13      idx.append(k)
14
15  # F 値が最大となるアンサンブル数を取得し，iForest を再適合
16  plot_fscore_graph('n_estimators', idx, f_score)
17  best_k = idx[np.argmax(f_score)]
18  IF = IsolationForest(n_estimators=best_k, random_state=2)
19  IF.fit(x_train_std)
20
21  # 最適なアンサンブル数を使用して，テストデータに対する結果を表示
22  print("--------------------")
23  print("IsolationForest result (n_estimators=%d)" % best_k)
24  print("--------------------")
25  print_precision_recall_fscore(y_test_true,
            IF.predict(x_test_std))
26  print("--------------------")
27  print_roc_curve(y_test_true, IF.decision_function(x_test_std))
```

**ソースコード 3.6**　異常検知のコード 6

```
1   # LOF, SVM, iForest の ROC 曲線をすべて表示
2   print_roc_curve_all(y_test_true,
        lof._decision_function(x_test_std),
        ocsvm_rbf.decision_function(x_test_std),
        IF.decision_function(x_test_std))
```

**ソースコード 3.7** 平均精度・平均再現率・平均 $F$ 値および混同行列を表示する関数

```
1  from sklearn.metrics import precision_recall_fscore_support,
       confusion_matrix
2
3  # 平均精度，平均再現率，平均 F 値，ならびに混同行列を表示する関数
4  def print_precision_recall_fscore(y_true, y_pred):
5      prec_rec_f
           = precision_recall_fscore_support(y_true, y_pred)
6      print("Ave. Precision %.4f, Ave. Recall %.4f,
           Ave. F-score %.4f"% (np.average(prec_rec_f[0]),
           np.average(prec_rec_f[1]), np.average(prec_rec_f[2])))
7      print("Confusion Matrix")
8      df = pd.DataFrame(confusion_matrix(y_true, y_pred))
9      df.columns = [u'anomaly', u'normal']
10     print(df)
```

**ソースコード 3.8** ROC 曲線を描画する関数

```
1  from sklearn. metrics import roc_curve, roc_auc_score
2  import matplotlib.pyplot as plt
3
4  def plot(plt):
5      plt.xlim([-0.05, 1.05])
6      plt.ylim([-0.05, 1.05])
7      plt.xlabel('False Positive Rate')
8      plt.ylabel('True Positive Rate')
9      plt.title('ROC curve')
10     plt.legend(loc="lower right")
11
```

```
12    plt.show()
13
14  # 正解ラベル（y_true）と識別関数の出力値（decision_function）を受け
      取って，ROC 曲線を描画する関数
15  def print_roc_curve(y_true, decision_function):
16      fpr, tpr, thresholds = roc_curve(y_true, decision_function,
            pos_label=1)
17      roc_auc = roc_auc_score(y_true, decision_function)
18      plt.plot(fpr, tpr, 'k--',label='ROC for test data
          (AUC = %0.2f)' % roc_auc, lw=2, linestyle="-")
19
20      plot(plt)
21
22  # 同じく ROC 曲線を描画する関数（SVM のカーネル比較用）
23  def print_roc_curve_svm(y_true, decision_function_rbf,
        decision_function_poly, decision_function_smd):
24      fpr, tpr, thresholds
             = roc_curve(y_true, decision_function_rbf, pos_label=1)
25      roc_auc = roc_auc_score(y_true, decision_function_rbf)
26      plt.plot(fpr, tpr, 'k--',label='rbf kernel (AUC = %0.2f)'
            % roc_auc, lw=2, linestyle="-", color="r")
27
28      fpr, tpr, thresholds = roc_curve(y_true,
            decision_function_poly, pos_label=1)
29      roc_auc = roc_auc_score(y_true, decision_function_poly)
30      plt.plot(fpr, tpr, 'k--',label='poly kernel (AUC = %0.2f)'
            % roc_auc, lw=2, linestyle="-", color="g")
31
```

```
32      fpr, tpr, thresholds
            = roc_curve(y_true, decision_function_smd, pos_label=1)
33      roc_auc = roc_auc_score(y_true, decision_function_smd)
34      plt.plot(fpr, tpr, 'k--',
            label='sigmoid kernel (AUC = %0.2f)'
            % roc_auc, lw=2, linestyle="-", color="b")
35
36      plot(plt)
37
38  # 同じく ROC 曲線を描画する関数（識別器比較用）
39  def print_roc_curve_all(y_true, decision_function_lof,
            decision_function_ocsvm, decision_function_iForest):
40      fpr, tpr, thresholds = roc_curve(y_true,
            decision_function_lof, pos_label=1)
41      roc_auc = roc_auc_score(y_true, decision_function_lof)
42      plt.plot(fpr, tpr, 'k--',label='LOF (AUC = %0.2f)'
            % roc_auc, lw=2, linestyle="-", color="r")
43
44      fpr, tpr, thresholds = roc_curve(y_true,
            decision_function_ocsvm, pos_label=1)
45      roc_auc = roc_auc_score(y_true, decision_function_ocsvm)
46      plt.plot(fpr, tpr, 'k--',label='OCSVM (AUC = %0.2f)'
            % roc_auc, lw=2, linestyle="-", color="g")
47
48      fpr, tpr, thresholds = roc_curve(y_true,
            decision_function_iForest, pos_label=1)
49      roc_auc = roc_auc_score(y_true, decision_function_iForest)
50      plt.plot(fpr, tpr, 'k--',label='iForest (AUC = %0.2f)'
```

```
51              % roc_auc, lw=2, linestyle="-", color="b")

52      plot(plt)
```

ソースコード 3.9　平均 $F$ 値を返す関数

```
1  from sklearn.metrics import precision_recall_fscore_support
2
3  # 正常クラスと異常クラスに対する平均 F 値を返す関数
4  def validation(y_valid_true, y_valid_pred):
5      prec_rec_f = precision_recall_fscore_support(y_valid_true,
           y_valid_pred)
6      return np.average(prec_rec_f[2])
```

ソースコード 3.10　$F$ 値のグラフを描画する関数

```
1  import matplotlib.pyplot as plt
2
3  # ハイパーパラメータ (idx_name) を変化させたときの F 値のグラフ描画
      用関数
4  def plot_fscore_graph(idx_name, idx, f_score):
5      plt.plot(idx, f_score)
6      plt.xlabel(idx_name)
7      plt.ylabel('F-score')
8      plt.show()
```

# 第 4 章
# 系列データの解析

　本章では睡眠データの解析を通じて，系列データに対する実践的な機械学習の利用法をみていきます．ここでは単一の機械学習アルゴリズムでは問題を解決できませんので，いくつかの手法を組み合わせています．まず睡眠中の音からいびき，歯ぎしり，体動などの音イベントを抽出し，教師なし学習のクラスタリングにより音イベントの分類を得ます．そして，音イベントの系列から隠れマルコフモデルによって睡眠パターンを状態の遷移確率としてモデル化します．そして，最後に得られたよい睡眠モデルと悪い睡眠モデルの差異をもとに教師あり学習により睡眠の良否判別を行います[*1]．

　一連のプロセスにさまざまな機械学習法が入っています．種々のセンサから行動パターンの識別など，事象の系列データであればさまざまな応用が可能です．

---

[*1] 知的財産 [13, 12] の都合で残念ながらソースコードを掲載することができません．

## 4.1 睡眠のデータ

まず，睡眠の基礎知識について紹介します．睡眠は覚醒時における身体的，精神的，社会的，感情的な機能に影響を及ぼす生体現象です．厚生労働省が行った平成 27 年国民健康・栄養調査（文献 [1]）によると，成人男女の 30〜50％が「日中に眠気を感じた」と回答しています．不眠症や無呼吸症候群などの睡眠障害でなくても，睡眠は日中の活動に大きく影響を及ぼしているため，日々の健康管理の指標として睡眠状態を評価することは重要です．

睡眠状態に応じて脳波，体温，呼吸，心拍などの生体活動が変化します．さらに，睡眠状態の変化や安定性と関連して，体動，いびき，無呼吸，歯ぎしりなどさまざまなイベントも睡眠中に生じています．旧来，睡眠の評価は睡眠障害の診断やメカニズムの解明に重きが置かれており，睡眠の計測はポリソムノグラフィー（Polysomnography：PSG）検査によって行われるのがおもでした．典型的には検査室内において，脳波，胸部/腹部呼吸運動，鼻腔内圧，脚やあごの筋電図，眼球運動，心電図，酸素飽和度などを計測します．そのため PSG は被験者の負担が大きく，また専門家がいる専門の施設や病院でないと計測は難しいです．睡眠科学の基礎知識については文献 [32] などに詳しく書かれています．

一方，近年フィットネス用のリストバンド型デバイスによる簡易睡眠計測計（脈拍，活動量を計測）や，加速度センサを使ったアラームの自動設定などのスマートフォンアプリケーションソフトウェアも存在します．しかしながら，現在出回っている多くの睡眠関連製品やアプリケーションソフトウェアは，科学的な根拠に乏しいとの報告（文献 [3]）があり，個人差にも対応していません．また，圧力センサや簡易脳波計を用いる方法などもありますが，接触型の専用デバイスを使用するため利用者の利便性を損なう可能性が十分あります．

これらの状況を鑑みて本章で紹介する手法は，非接触に簡便に収集できる睡眠環境音に着目しています．睡眠環境音には，歯ぎしり，いびき，体

動などの生体活動に関するイベントに加えて，エアコンの作動音，施設の外を走る車の音などの周囲の環境音も含まれています．本章では機械学習技術を活用し，複雑な睡眠環境音データから適切に睡眠関連音のイベントを検出・自動分類し，睡眠パターンの時系列モデリングに基づく睡眠の良否判別について紹介します．詳細な数式や実験結果は文献 [7, 8] を参照してください．

## 4.2　隠れマルコフモデルによる睡眠の良否判別

### 4.2.1　睡眠の良否判別の流れ

以下の流れで睡眠の良否判別の学習を行います．フロー図を**図 4.1** に示します．

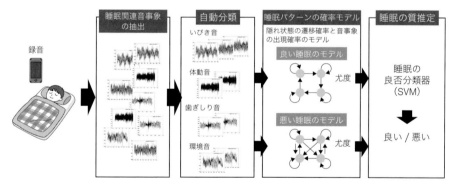

**図 4.1**　睡眠の良否判別の流れ

1. 一晩連続して記録した音から睡眠関連イベントを検出する
2. 各音イベントを周波数領域に変換し入力ベクトルとする
3. カーネル SOM（Self-Organizing Map）と階層型クラスタリングにより音イベントの主要クラスタに分類する
4. 隠れマルコフモデル（Hidden Markov Model：HMM）により，よ

い/悪い睡眠の確率モデルをそれぞれ得る
5. よい/悪い睡眠を分類する分類器を学習する

新規データの判別時は，2までは同様ですが3は各音イベントを学習時に得られたクラスタへの割当てを行い，4は学習時に得られたHMMへのモデル尤度（当てはまり度合い）を算出，5は学習した分類器によって判別を行います．

## 4.2.2　バースト抽出法による睡眠関連音イベントの検出

まず，常時録音されている音の時系列から，睡眠関連音イベント（生体活動による音および周囲の環境音）を適切に検出する必要があります．最も素朴な方法はマイクロフォンの音圧（電圧）値にしきい値を設けて，そのしきい値を超えた時点の前後数秒（固定値）を切り出す方法です．しかししきい値による検出法では，微妙なしきい値の違いにより誤検出や検出漏れが大きく変わるため制御が難しく，また固定長のイベントしか切り出すことができません．

そこで，ここではJ. Kleinbergによって提案されたバースト抽出法[5]を応用して音イベントの検出を行っています．バースト抽出法を用いた方法では，統計量を用いて電圧値が大きく変化している部分を検出します．電圧値の振幅はガウス分布に従っていると仮定して，分散の異なるガウス分布をそれぞれ異なるバーストレベルに対応付けます．つまり，音イベントが起こっていない定常時は分散の小さいガウス分布（バーストレベル0）に従い，一方，なんらかの音イベントが起こっているときの電圧値は分散の大きいガウス分布（バーストレベル1以上）から生成されたものと考えます．そして，観測された音データに対して，ガウス分布に対する尤度とバーストレベル間の状態遷移に応じたコストの合計を最小化するように，動的計画法の一種であるビタビアルゴリズムによって各時刻のバーストレベルの

## 4.2 隠れマルコフモデルによる睡眠の良否判別

最尤系列を求めています．その際，状態遷移コストを設けることで，直前のバーストレベルから突然大きく変化してしまう遷移を避けています．そして得られた最尤系列からバーストレベル1以上の部分を切り出すことにより，音イベントの検出を行います．詳しいアルゴリズムは文献 [4] にあります．**図 4.2**(a) に検出された音イベントの例を示します．このような音イベントが一晩当たり1 000〜2 000抽出されます．

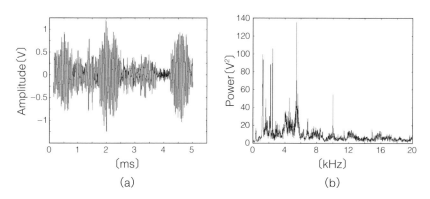

**図 4.2** 検出された音イベント (a) とその周波数パワースペクトル (b)

Kleinberg のバースト抽出法の Python 実装は

```
https://pypi.python.org/pypi/burst_detection/
```

にあります．PyPI（Python Package Index）は，サードパーティー製のPython パッケージを管理しているサイトです．非常に沢山のパッケージが公開されています．手動でダウンロードしてインストールすることも可能ですが，インターネットに繋がっていればコマンドラインから

```
$ pip install burst_detection
```

でインストール可能です．ただし，オリジナルのバースト抽出法は時間間隔が指数分布に従って到着するようなイベントデータを対象としています

ので，そのまま音波データに適用することはできません．

### 4.2.3　入力ベクトルの用意

検出された各音イベントからそれぞれ入力ベクトルを作成します．音の違いは周波数空間によく現れますので，図 4.2(b) のような周波数パワースペクトルの離散点をベクトルとして入力します．ここで，高速フーリエ変換により周波数領域に変換するのですが，離散点数が $2^N$ 点である必要があります．そこで，まず時間領域で $2^N$ 点に線形補間を行った上で高速フーリエ変換により周波数パワースペクトルを得ます．時間領域での長さの異なる音イベントを，補間により解像度を変えてしまっているので，周波数領域の離散点数が音イベントごとに変わってしまいます．そこで，周波数領域でも線形補間を施し，すべての音イベントについて同じ離散点数の入力ベクトルを得ます．

### 4.2.4　音イベントの自動分類

**概　略**　新規データに対して音イベントの分類を行う分類器が必要になりますが，歯ぎしりやいびき音などの教師データを集めるのは大変です．そこで，教師なし学習のクラスタリングにより大まかに音イベントを分類し，新規の音イベントはいずれかのクラスタに割り当てることで分類を行うことにします．

　　　睡眠音を扱うに当たり，次のことを考える必要があります．

1. 周波数スペクトルの形状を適切に捉えること
2. 個性による違いや同時に発する音などを扱えること

　　　1 については，なんらかの特徴抽出を行うアプローチが一般的ですが，睡眠音に対して適切な特徴は定かではありません．たとえば，音

声認識では**メル周波数ケプストラム係数**（Mel-Frequency Cepstrum Coefficients：**MFCC**）がよく用いられていますが，睡眠音に対してはあまりよい精度で識別できないことが実験的に確認されています[8]．そこで周波数スペクトルの「形状」そのものを捉えるため，距離計量のほうを工夫することを考えます．周波数スペクトルの分布を確率分布とみなして（どの周波数帯が発生しやすいかといったイメージです），確率分布間の計量としてよく用いられている **Kullback-Leibler（KL）情報量**をカーネル関数として用いてクラスタリングします．

2 については，個性の差や同時に発する音は周波数スペクトルの空間上では連続して広がりをもったデータ分布として現れると考えられます．このようなデータ分布の連なりを捉えるには，位相（トポロジー）を考えることが適しています．今回はトロポジーの学習に**自己組織化マップ**（Self-Organizing Map：**SOM**）[10] を利用しています．さらに SOM で学習したトポロジー空間上で階層型クラスタリングにより，より少数の主要クラスタを得ます．

**自己組織化マップ**　自己組織化マップは，競合型ニューラルネットワークの一種で，当初は視覚野に関連するニューロンの数理モデルとして提案されました．SOM は教師なし学習により，類似データのクラスタリングとデータ分布の連なりの低次元空間への可視化を同時に行うユニークな学習法です．

SOM はニューロン間にあらかじめ定義されたトポロジー（多くは 2 次元正方格子もしくは六角格子型）をもっており，入力の特徴ベクトルに最も類似するニューロン（勝者ニューロンと呼ばれる）が活性化し，ニューロンのトポロジー空間上で近いニューロン同士は類似する特徴（参照ベクトルと呼ばれる）になるように各ニューロンの参照ベクトルを更新します．反復法により参照ベクトルの更新を繰り返すことで，最終的に類似する入力データ同士は同じ，もし

くはニューロンのトポロジー上で近傍のニューロンに属すことになります．その結果，低次元のトポロジー空間上にデータ間の類似性が保存され，そのデータ分布が可視化されます．**図 4.3**(a) のように特徴空間の中でデータの連なりをニューロンの繋がりで捉えて，図 (b) のようにそれを低次元の 2 次元平面上に展開します．

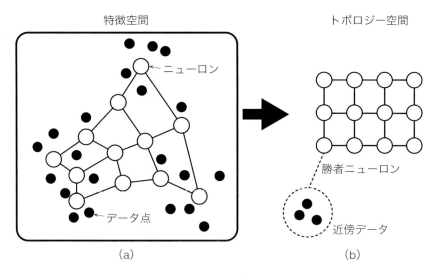

図 4.3　SOM 概念図

標準的な SOM の Python 実装は

```
https://pypi.python.org/pypi/sompy/
```

にあります．
　また，下記の somoclu は可視化機能が充実しています．

```
https://somoclu.readthedocs.io/
```

**カーネル自己組織化マップ**　通常の SOM は入力データとニューロンの代表ベクトルの距離尺度に二乗誤差を用いていますが，入力データが

周波数パワースペクトルのような分布構造をもつデータに対しては適切な尺度ではありません．そこで，今回は KL 情報量と呼ばれる確率分布間の尺度を SOM に導入しています．KL 情報量を SOM に導入するにあたり 2.5 節で取り上げたカーネルトリックを利用した，**カーネル SOM** を用いています．

図 4.4(a) に通常の SOM，(b) に KL 情報量をもとにした KL カーネルを用いたカーネル SOM による睡眠音のクラスタリングと可視化結果を示します．マス目がニューロンノードに対応しており，複数の類似する音イベントがクラスタリングされています．SOM/カーネル SOM で得られた結果に対して，音を実際に人手で確認を行い代表的な音の 4 種類（いびき，歯ぎしり，体動，環境音）に分けて色分けしてあります．図 (a) の通常の SOM の場合，同じ色のクラスタが複数に分散してしまっています．一方，図 (b) のカーネル SOM の結果は同じ色のクラスタのまとまりがよくなっていることがわかります．

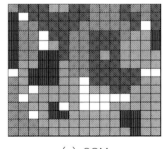
(a) SOM

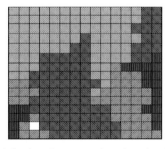
(b) カーネル SOM(KL カーネル)

図 4.4　睡眠音のクラスタリングと可視化結果

**階層型クラスタリングによる主要クラスタの抽出**　カーネル SOM で得られたトポロジー空間上で，各参照ベクトルを入力とした階層型クラスタリング[*2]により，主要なクラスタを得ます．階層型クラスタリ

---

[*2] 階層型クラスタリングは執筆時点で scikit-learn に実装はありませんが，scipy.cluster.hierarchy に実装されています．

ングでは，一つのデータ点をそれぞれクラスタとみなしてスタートし，類似するクラスタ同士を併合していきクラスタの併合過程を得ます．**図 4.5** は睡眠音イベントのクラスタ併合過程を樹上図（デンドログラム）で示しています．木の末端の葉が個別のデータ点を示しており，縦軸はクラスタが併合された距離を示しています．ただし，今回は音イベントそのものではなく，カーネル SOM で学習されたニューロンノードを個別のデータ点とみなしているので，葉の数はニューロンノード数になります．

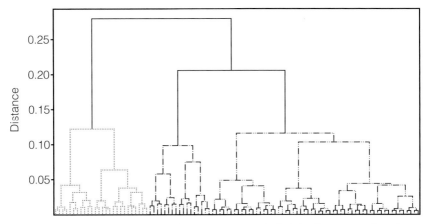

**図 4.5** 階層型クラスタリングによるクラスタ併合過程（デンドログラム）

このように 2 段階にクラスタリングにすることで特徴空間上のデータの連なりを捉えたクラスタリングが期待できます．ここで，クラスタリングにおいてクラスタ数をどのように決定するかは，実用上多くの場合，問題になります．クラスタリングの妥当性指標はさまざまに提案されていますが，ここではシンプルな**シルエット係数**を用いています[*3]．シルエット係数は

$$s = \frac{b - a}{\max\{b, a\}}$$

---

[*3] scikit-learn では sklearn.metrics.silhouette_score に実装されています．

で与えられます．ここで，$a$ は平均クラスタ内距離，$b$ は最小クラスタ間距離です．クラスタの中のデータ同士の平均的な距離に比べて，クラスタ間がどの程度離れているかを指標にしています．クラスタ間はできるだけ離れていて，クラスタ内は密集していたほうが一般的によいクラスタと考えられますので，シルエット係数は大きいほどよいということになります．階層型クラスタリングの併合過程において，このシルエット係数が最大になるクラスタ数に決定します．

**図 4.6** はクラスタを併合する距離のしきい値を横軸に取って，縦軸にそのときのシルエット係数を示しています．つまり，グラフの左側は個別のデータがクラスタとなっている状態で，右側はすべてのデータが一つのクラスタとなっている状態です．シルエット係数が最大となるしきい値 0.15 で区切ると，クラスタ数は図 4.5 で線種を分けた 3 となります．

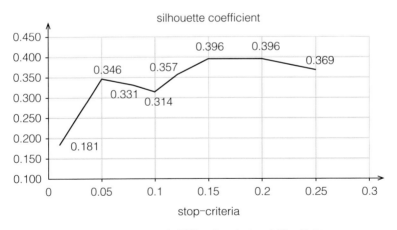

**図 4.6** シルエット係数によるクラスタ数の決定

カーネル SOM の学習結果上の主要クラスタの分布は**図 4.7** のようになります．大まかに体動，歯ぎしり，いびき音を区別できていますが，環境音はおもに体動音と混ざってクラスタになっています．

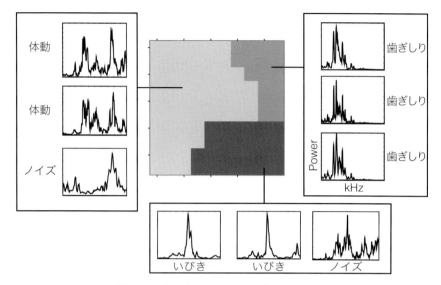

**図 4.7** カーネル SOM 上の主要クラスタ

睡眠の良否判別には各クラスタの意味付けは重要ではありませんので，多少混じったクラスタが得られたとしても大きな問題ではありません．ただし，学習結果を分析する際には注意が必要です．

## 4.2.5 隠れマルコフモデルによる睡眠パターンの時系列モデリング

**隠れマルコフモデル**（Hidden Markov Model：**HMM**）は，記号列に対する各記号の出現確率と隠れ状態の遷移確率からなる生成モデルの一種です．直接観測されない隠れ状態を仮定することで，各記号の出現確率の変化を許容し複雑な時系列モデリングを可能としています．睡眠の場合，レム睡眠やノンレム睡眠の睡眠段階に応じて各音イベントの出現確率が変化します．イメージとしては，寝返りの多い時間帯，いびきの多い時間帯と

いった具合に状態が変化するようすをモデル化します．ただし，音を入力としたHMMの隠れ状態と睡眠段階は必ずしも一対一の対応関係にはなりません．

本書で示す被験者実験は，大阪大学大学院歯学研究科の協力のもと，行われたものです[*4]．図4.8は睡眠実験室の写真です．被験者にはこの部屋で一晩寝てもらい，音は枕元から50 cm程度離れた場所にてマイクロフォンで録音し，また脳波などのPSGも同時に計測しました．また，良否判別の教師情報には起床時のアンケート回答を用いています．

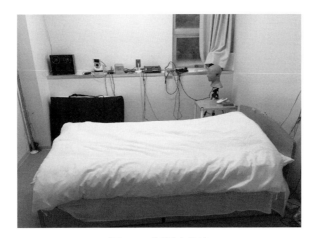

図4.8　睡眠実験室

そして，モデルの学習時にはアンケート回答に基づく「よい睡眠時」の音データと，「悪い睡眠時」の音データからそれぞれHMMにより睡眠パターンの確率モデルを構築します．

図4.9は36名（20代大学院生）の被験者から構築したよい睡眠のモデルと悪い睡眠のモデルの状態遷移確率です（各18名）．行と列が隠れ状態に対応し，行から列方向への状態遷移確率を示しています．上段がよい睡眠のモデル，下段が悪い睡眠のモデルを示しています．

---

[*4] 本実験は大阪大学大学院歯学研究科の倫理委員会の承認を得て行われています．

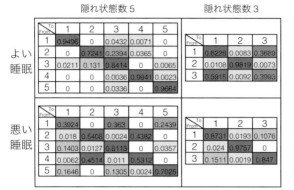
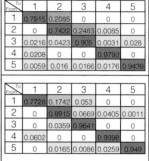

図 4.9　HMM により学習した隠れ状態の状態遷移確率

隠れ状態数を 5 に設定した場合のよい睡眠のモデルは行列の対角成分の値が大きい，すなわち，同じ隠れ状態に留まる傾向があり，睡眠の状態が安定しているといえます．一方，悪い睡眠では状態遷移確率は複雑な構造をしており，安定性に欠けているといえます．隠れ状態数が 3 の場合は，状態数が足りておらず，それらの傾向を捉え切れていません．

また，一番右の表は，比較として音イベントの代わりに PSG より得られた睡眠段階を入力系列として，同じく HMM で学習した結果です．よい睡眠と悪い睡眠の状態遷移確率に大きな差は見られないため，睡眠段階は（主観的な）睡眠の良否の判別には向いていないことを示しています．

## 4.2.6　睡眠の良否判別

先ほど示した HMM による睡眠パターンのモデリング結果を用いて，睡眠の良否判別を行います．素朴な判別方法は，よい/悪い睡眠の HMM に新しいデータを入力して得られる尤度（モデルへの当てはまり度合い）を比較して，尤もらしいモデルの良否に分類することです．しかし，HMM の隠れ状態数はユーザが設定するハイパーパラメータであり，隠れ状態数に

よって尤度が異なります．さらに，よい睡眠と悪い睡眠や被験者によって適切な隠れ状態数が異なることも考えられるため，適切な隠れ状態数を一意に決定するのは容易ではありません．そこで，異なる隠れ状態数からなる HMM を複数個構築し，それぞれに対する尤度を特徴ベクトルとして別途識別器を学習することを行います．つまり，隠れ状態数を 3，4，5 の 3 種類とした場合，それぞれについて良否の 2 種類があるため，3 × 2 = 6 つの HMM を構築し，それらの尤度が一晩の音データに対応する特徴ベクトルとなります．これらはよい睡眠と悪い睡眠を HMM により時系列モデリングした結果であるため，単純な音イベントの頻度のヒストグラムとは全く異なります．

ここでは尤度ベクトルを入力とした良否識別器に SVM を用いました．適切なカーネル関数とハイパーパラメータの選定には 2.5 節で示した入れ子式クロスバリデーションによって決定しています．その結果，36 名の被験者のデータについて leave-one-out cross-validation を行ったところ，テストデータに対して平均 77.5% の良否の判別正答率が得られました．

### 4.2.7 まとめ

本章では，睡眠音から睡眠の良否判別を行う機械学習を例に系列データの解析法を紹介しました．本章では睡眠を扱っていましたが，なにかしらのイベントが特徴ベクトルとして抽出できて，それらが時間とともに順次観測される対象であれば適用可能です．まずイベントの切り出しを行い特徴ベクトル化し，それをもとにクラスタリングによりイベントを記号化します．そして，クラスタリングによって得られた記号の系列をもとに，判別したいクラスごとに隠れマルコフモデルによって系列パターンをモデリングしました．最後に隠れマルコフモデルの学習結果に対する尤度を入力として教師あり学習で識別器を構築することで，系列パターンの違いに基づくクラス識別が可能になります．

# おわりに

　本書は多くの方々とプロジェクトの支援により執筆することができました．ここに感謝の意を表すとともにご紹介します．

　第1章，第2章のプログラム例は当時，大阪大学大学院情報科学研究科博士後期課程に在籍していたNattapong Thammasan君，ならびにHongle Wu君により作成されたものです．

　第1章，第2章の内容は大阪大学-パナソニックAI共同講座「機械学習基礎講座」，大阪大学-ダイキン工業AI人材育成プログラム，NEDO特別講座（実データで学ぶ人工知能講座）兼大阪大学大学院情報科学研究科博士前期課程の講義の一部をまとめ直したものです．

　第3章の振動データの異常検知に関しては，大阪大学工学研究科NTN次世代協働研究所においてNTN（株）との共同研究の一環として収集したデータをもとに，北井正嗣研究員の研究を参考に本書用にプログラムを書き起こしました．

　第4章で取り上げた睡眠の事例に関しては，大阪大学COI（センターオブイノベーション）拠点でのプロジェクト研究の一環として行われたものです．また，本研究はHongle Wu君の博士論文の研究として行われたものです．本研究の遂行に辺り大阪大学大学院歯学研究科・加藤隆史教授，ならびに同研究科・山田朋美助教におかれましては多大なご協力・ご支援を承りました．

2018年10月　　　　　　　　　　　　　　　　　　　　　福井健一

# 参考文献

[1] 平成 27 年「国民健康・栄養調査」, 厚生労働省. http://www.mhlw.go.jp/stf/houdou/0000142359.html.

[2] 第 5 回人工知能技術戦略会議 人材育成タスクフォース 最終とりまとめ, 2017. http://www.nedo.go.jp/content/100862415.pdf.

[3] J. Behar, A. Roebuck, J. S. Domingos, E. Gederi, and G. D. Clifford. A review of current sleep screening applications for smartphones. *Physiological Measurement*, Vol. 34, No. 7, pp. 29–46, 2013.

[4] K. Fukui, S. Akasaki, K. Sato, J. Mizusaki, K. Moriyama, S. Kurihara, and M. Numao. Visualization of damage progress in solid oxide fuel cells. *Journal of Environment and Engineering*, Vol. 6, No. 3, pp. 499–511, 2011.

[5] J. Kleinberg. Bursty and hierarchical structure in streams. *Data Mining and Knowledge Discovery*, Vol. 7, No. 4, pp. 373–397, 2003.

[6] T. M. Mitchell. *Machine Learning*. McGraw-Hill, 1997.

[7] H. Wu, T. Kato, M. Numao, and K. Fukui. Statistical sleep pattern modelling for sleep quality assessment based on sound events. *Health Information Science and Systems*, Vol. 5, No. 11, 2017.

[8] H. Wu, T. Kato, T. Yamada, M. Numao, and K. Fukui. Personal sleep pattern visualization using sequence-based kernel self-organizing map

on sound data. *Artificial Intelligence in Medicine*, Vol. 80, pp. 1–10, 2017.

[9] 荒木雅弘. フリーソフトではじめる機械学習入門 (第 2 版) Python/Weka で実践する理論とアルゴリズム. 森北出版, 2018.

[10] T. コホネン（著), 徳高平蔵, 大藪又茂, 堀尾恵一, 藤村喜久郎, 大北正昭（監修). 自己組織化マップ. 丸善出版, 2016.

[11] 金森敬文. R による機械学習入門. オーム社, 2017.

[12] 福井健一, Wu Hongle, 加藤隆史, 沼尾正行. 睡眠の質判定システム、睡眠の質モデル作成プログラム、および、睡眠の質判定プログラム. 特願 2017-158957.

[13] 福井健一, Wu Hongle, 加藤隆史, 山田朋美, 沼尾正行. 睡眠状態解析支援装置、および、睡眠状態解析支援プログラム. 特願 2016-089830.

[14] 石井健一郎, 前田英作, 上田修功, 村瀬洋. わかりやすいパターン認識. オーム社, 1998.

[15] 石井健一郎, 上田修功. 続・わかりやすいパターン認識—教師なし学習入門—. オーム社, 2014.

[16] 池内孝啓, 片柳薫子, 岩尾 エマ はるか, @driller. Python ユーザのための Jupyter［実践］入門. 技術評論社, 2017.

[17] 井出剛, 杉山将. 異常検知と変化検知. 講談社, 2015.

[18] 緒方淳, 村川正宏, 飯田誠. 風力発電スマートメンテナンスのための振動データ解析に基づく状態監視システムの構築. 風力エネルギー利用シンポジウム, 第 37 巻, pp. 385–388, 2015.

[19] 五十嵐昭男, 浜田啓好. 欠陥をもつ転がり軸受の振動・音響に関する研究（第 1 報). 日本機械学会論文集（C), Vol. 47, No. 422, pp. 1327–1336, 1981.

[20] 五十嵐昭男, 野田万朶, 松島栄一. 転がり軸受の異常予知に関する研究（第 1 報). 潤滑, Vol. 24, No. 2, pp. 122–129, 1979.

[21] 伊藤真. Python で動かして学ぶ！ あたらしい機械学習の教科書. 翔泳

社, 2018.

[22] 大関真之. 機械学習入門 ボルツマン機械学習から深層学習まで. オーム社, 2017.

[23] 小野田崇, 伊藤憲彦, 是枝英明. 水力発電所における異常予兆発見支援ツールの開発. 電気学会論文誌 D, Vol. 131, No. 4, pp. 448–457, 2011.

[24] 北井正嗣, 赤松良信, 福井健一. 特徴選択と 2 段の外れ値検出手法による転がり軸受の欠陥検出精度向上方法の提案. 計測自動制御学会第 45 回知能システムシンポジウム講演論文集, 2018.

[25] Andreas C. Muller, Sarah Guido（著）, 中田秀基（翻訳）. Python ではじめる機械学習—scikit-learn で学ぶ特徴量エンジニアリングと機械学習の基礎. オライリー・ジャパン, 2017.

[26] C.M. ビショップ（著）, 元田浩, 栗田多喜夫, 樋口知之, 松本裕治, 村田昇（監訳）. パターン認識と機械学習 上/下. シュプリンガー・ジャパン, 2007/2008. 丸善出版, 2012.

[27] Henrik Brink, Joseph W. Richards, Mark Fetherolf（著）, 株式会社クイープ（訳）. Machine Learning 実践の極意 機械学習システム構築の勘所をつかむ!. インプレス, 2017.

[28] Sebastian Raschka（著）, 福島真太朗（監訳）, 株式会社クイープ（訳）. Python 機械学習プログラミング 達人データサイエンティストによる理論と実践. インプレス, 2018.

[29] Trevor Hastie, Robert Tibshirani, Jerome Friedman（著）, 杉山将, 井手剛, 神嶌敏弘, 栗田多喜夫, 前田英作（監訳）. 統計的学習の基礎—データマイニング・推論・予測. 共立出版, 2014.

[30] Willi Richert, Luis Pedro Coelho（著）, 斎藤康毅（翻訳）. 実践 機械学習システム. オライリー・ジャパン, 2014.

[31] 堅田洋資, 菊田遥平, 谷田和章, 森本哲也. フリーライブラリで学ぶ機械学習入門. 秀和システム, 2017.

[32] 白川修一郎. 睡眠とメンタルヘルス—睡眠科学への理解を深める—. ゆ

まに書房, 2006.

[33] 株式会社システム計画研究所（編）. Pythonによる機械学習入門. オーム社, 2016.

[34] 平井有三. はじめてのパターン認識. 森北出版, 2012.

# 索 引

■あ 行■

異常検知 ………………………… 87
異常度 …………………………… 88
異常部位検知 …………………… 88
位相（トポロジー）…………… 127
いびき ………………………… 121
入れ子式クロスバリデーション … 63

エントロピー …………………… 22

音イベント …………………… 121

■か 行■

回 帰 ……………………………… 7
階層型クラスタリング ……… 127
ガウス分布 …………………… 124
過学習 …………………………… 10
学習データ ………………… 2, 10

確率的最急降下法 ……………… 39
隠れ状態数 …………………… 134
隠れマルコフモデル ……… 121, 132
過剰適合 ………………………… 10
活性化関数 ……………………… 80
カーネル関数 …………………… 58
カーネル行列 …………………… 58
カーネルトリック ……………… 58
カーネル SOM ………………… 129

機械学習 ………………………… 1
強化学習 ………………………… 8
競合型ニューラルネットワーク … 127
教師あり学習 …………………… 7
教師なし学習 …………………… 7
局所異常因子 …………………… 89
局所到達可能密度 ……………… 89

クラスタ ……………………… 129
クラスタ間距離 ……………… 131

| 索引項目 | ページ |
|---|---|
| クラスタ数 | 130 |
| クラスタ内距離 | 131 |
| クラスタリング | 8 |
| グリッドサーチ | 63 |
| 訓練データ | 10 |
| 決定木 | 21 |
| 決定係数 | 65 |
| ケフレンシー領域 | 94 |
| 検証用データ | 63 |
| 交差エントロピー | 83 |
| 高速フーリエ変換 | 126 |
| 勾配消失問題 | 56 |
| 誤差関数 | 39 |
| 誤差逆伝播法 | 52 |
| 誤差逆伝搬法 | 52 |
| 転がり軸受け | 93 |
| 混同行列 | 18 |

■さ 行■

| 索引項目 | ページ |
|---|---|
| 再現率 | 26 |
| 再構成誤差 | 80 |
| 最大事後確率推定 | 29 |
| サポートベクタ回帰 | 65 |
| サポートベクタマシン | 57 |
| 参照ベクトル | 127 |
| 時間領域 | 94 |
| 識別 | 7 |
| 識別境界面 | 20 |
| シグモイドカーネル | 100 |
| 事後確率 | 29 |
| 自己組織化マップ | 127 |
| 自己符号化器 | 56, 71 |
| 事前学習 | 56 |
| 事前確率 | 30 |
| 実効値 | 94 |
| ジニ係数 | 22 |
| 写像関数 | 58 |
| 周波数領域 | 94 |
| 主成分分析 | 55 |
| 勝者ニューロン | 127 |
| 状態遷移確率 | 133 |
| 情報利得 | 22 |
| シルエット係数 | 130 |
| 深層学習 | 3, 71 |
| 深層ニューラルネットワーク | 82 |
| 振動加速度 | 94 |
| 振動データ | 88 |
| 睡眠 | 121 |
| 睡眠環境音 | 122 |
| 睡眠段階 | 132 |
| 睡眠パターン | 121 |
| スムージングパラメータ | 36 |
| 正解率 | 18 |
| 制限付きボルツマンマシン | 56 |

| | |
|---|---|
| 正則化 | 47 |
| 精度 | 26 |
| 遷移確率 | 121 |
| 線形回帰 | 65 |
| 線形カーネル | 60 |
| 尖度 | 94 |
| 層化クロスバリデーション | 63 |
| ソフトマックス関数 | 83 |
| 損失関数 | 46 |

■ た 行 ■

| | |
|---|---|
| 対数尤度 | 39 |
| 体動 | 121 |
| 多項式カーネル | 60 |
| 多層パーセプトロン | 51 |
| 畳込みニューラルネットワーク | 86 |
| 単純パーセプトロン | 52 |
| 逐次学習 | 39 |
| 逐次後退選択 | 69 |
| ディープラーニング | 3, 71 |
| テストデータ | 10 |
| データマイニング | 8 |
| デンドログラム | 130 |
| 特徴空間 | 58 |
| 特徴選択 | 69 |

| | |
|---|---|
| 特徴ベクトル | 9 |
| 特徴量 | 9 |

■ な 行 ■

| | |
|---|---|
| ナイーブベイズ分類器 | 29 |
| ノンレム睡眠 | 132 |

■ は 行 ■

| | |
|---|---|
| ハイパーパラメータ | 62 |
| 歯ぎしり | 121 |
| 波高率 | 94 |
| バースト抽出法 | 124 |
| 外れ値検出 | 88 |
| パターン認識 | 1 |
| バックプロパゲーション | 52 |
| 汎化性能 | 10 |
| 半教師あり学習 | 8 |
| 半正定値性 | 59 |
| 微小人工欠陥 | 94 |
| ビタビアルゴリズム | 124 |
| 一つ抜き交差検証 | 35 |
| 表現学習 | 11 |
| 標準化 | 18 |
| ファインチューニング | 9 |

平均二乗誤差 ................. 65
併合過程 ..................... 130
ベイズの定理 ................. 30
変化点検知 ................... 88
変調値 ....................... 94

ポリソムノグラフィー検査 ..... 122

■ま　行■

マージン最大化 ............... 57

未知データ ................... 10

ミニバッチ ................... 39

メル周波数ケプストラム係数 ... 127

■や　行■

尤　度 ....................... 30

予　測 ....................... 7

■ら　行■

ラグランジュの未定乗数法 ..... 58

レム睡眠 ..................... 132

ロジスティック回帰 ........... 39

ロジスティック関数 ........... 39

■わ　行■

歪　度 ....................... 94

■アルファベット■

Accuracy ..................... 18
Adam ......................... 80
adam ......................... 80
Adaptive Moment Estimation ... 80
Anaconda Navigator ........... 5
Area Under Curve ............. 38
arff ......................... 35
AUC .......................... 38
AutoEncoder .............. 56, 71

Boston Housing データ ........ 69
Breast Cancer データ ......... 60

Caffe ........................ 71
Chainer ...................... 71
CNN .......................... 86
CNTK ......................... 71
Convolutional Neural Network . 86
C4.5 ......................... 22

Deep Neural Network ......... 83
DNN ......................... 83

Dropout ... 80

$F$ 値 ... 27
False Negative ... 19
False Positive ... 19
$F$-score ... 27
$F_1$ ... 27

Graphviz ... 28

Hidden Markov Model ... 132
HMM ... 132

iForest ... 90
Iris データ ... 12, 13
Isolation Forest ... 90

Jupyter Notebook ... 3

$k$ 近傍法 ... 11
keras ... 5, 71
KL カーネル ... 129
Kullback-Leibler (KL) 情報量 ... 127
$k$-Nearest Neighbor ... 11
$k$-NN ... 11

Leave-one-out cross-validation ... 35
Local Outlier Factor ... 89
LOF ... 89
Logistic Regression ... 39

Long-Short Term Memory ... 86
LSTM ... 86
L1 正則化 ... 47
L2 正則化 ... 47

Machine Learning ... 1
MAP 推定 ... 29
Maximum a Posteriori ... 29
Mean Squared Error ... 65
MLP ... 51
MNIST データ ... 45
MSE ... 65
Multi-layer Perceptron ... 51

Naive Bayes Classifier ... 29
numpy ... 5

One-Class SVM ... 89
One-hot-encoding ... 35
Overfitting ... 10

pandas ... 5
PCA ... 55
Polysomnography ... 122
Precision ... 26
Principal Component Analysis ... 55
PSG ... 122
Python ... 3

R ... 3

| | | | |
|---|---|---|---|
| RBF カーネル | 60 | SOM | 127 |
| RBM | 56 | Supervised Learning | 7 |
| Recall | 27 | Support Vector Machine | 57 |
| Rectified Linear Unit | 80 | SVM | 57 |
| Reinforcement Learning | 8 | | |
| ReLU | 80 | tensorflow | 5, 71 |
| Representation Learning | 11 | Theano | 71 |
| Restricted Boltzmann Machine | 56 | True Negative | 19 |
| ROC 曲線 | 38 | True Positive | 19 |
| | | | |
| SBS | 69 | Unsupervised Learning | 7 |
| scikit-learn | 3 | | |
| scipy | 5 | Weka | 3 |
| Self-Organizing Map | 127 | | |
| Semi-Supervised Learning | 8 | z スコア | 18 |
| Sequential Backward Selection | 69 | | |

〈著者略歴〉
福井 健一（ふくい けんいち）
2003 年　名古屋大学 大学院人間情報学研究科 物質・生命情報学専攻 博士前期課程 修了
2010 年　大阪大学 産業科学研究所 助教
現　在　大阪大学 産業科学研究所 准教授
　　　　博士（情報科学）

- 本書の内容に関する質問は，オーム社書籍編集局「(書名を明記)」係宛に，書状またはFAX(03-3293-2824)，E‐mail（shoseki@ohmsha.co.jp）にてお願いします．お受けできる質問は本書で紹介した内容に限らせていただきます．なお，電話での質問にはお答えできませんので，あらかじめご了承ください．
- 万一，落丁・乱丁の場合は，送料当社負担でお取替えいたします．当社販売課宛にお送りください．
- 本書の一部の複写複製を希望される場合は，本書扉裏を参照してください．
  JCOPY ＜(社)出版者著作権管理機構 委託出版物＞

Python と実例で学ぶ機械学習
識別・予測・異常検知

平成 30 年 11 月 25 日　　第 1 版第 1 刷発行

著　　者　福 井 健 一
発 行 者　村 上 和 夫
発 行 所　株式会社 オーム社
　　　　　郵便番号　101-8460
　　　　　東京都千代田区神田錦町 3-1
　　　　　電話　03(3233)0641(代表)
　　　　　URL　https://www.ohmsha.co.jp/

© 福井健一 2018

印刷・製本　三美印刷
ISBN978-4-274-22278-8　Printed in Japan

## オーム社の深層学習シリーズ

**『強化学習と深層学習―C言語によるシミュレーション―』**
深層強化学習のしくみを具体的に説明し、アルゴリズムをC言語で実装!
小高 知宏 著／A5・208頁／2017年10月発行／ISBN 978-4-274-22114-9／定価(本体2,600円【税別】)

**『Chainer v2による実践深層学習―複雑なNNの実装方法―』**
Chainer v2でディープラーニングのプログラムを作る!
新納 浩幸 著／A5・208頁／2017年9月発行／ISBN 978-4-274-22107-1／定価(本体2,500円【税別】)

**『自然言語処理と深層学習―C言語によるシミュレーション―』**
自然言語処理と深層学習が一緒に学べる!
小高 知宏 著／A5・224頁／2017年3月発行／ISBN 978-4-274-22033-3／定価(本体2,500円【税別】)

**『機械学習と深層学習―C言語によるシミュレーション―』**
機械学習の諸分野をわかりやすく解説!
小高 知宏 著／A5・232頁／2016年5月発行／ISBN 978-4-274-21887-3／定価(本体2,600円【税別】)

**『進化計算と深層学習―創発する知能―』**
進化計算とニューラルネットワークがよくわかる、話題の深層学習も学べる!
伊庭 斉志 著／A5・192頁／2015年10月発行／ISBN 978-4-274-21802-6／定価(本体2,700円【税別】)

---

**もっと詳しい情報をお届けできます.**
◎書店に商品がない場合または直接ご注文の場合も
　右記宛にご連絡ください．

**ホームページ** https://www.ohmsha.co.jp/
**TEL／FAX** TEL.03-3233-0643　FAX.03-3233-3440

(定価は変更される場合があります)　　　　　　　　　　　　　　　　　　　　　　F-1802-236

## オーム社のPython関係書籍

### Pythonによる数値計算とシミュレーション

小高 知宏 著
A5判／208ページ／定価(本体2,500円【税別】)

『Cによる数値計算とシミュレーション』の
Python版登場!!

本書は、シミュレーションプログラミングの基礎と、それを支える数値計算の技術について解説します。数値計算の技術から、先端的なマルチエージェントシミュレーションの基礎までをPythonのプログラムを示しながら具体的に解説します。
アルゴリズムの原理を丁寧に説明するとともに、Pythonの便利な機能を応用する方法も随所で示すものです。

《主要目次》
Pythonにおける数値計算／常微分方程式に基づく物理シミュレーション／偏微分方程式に基づく物理シミュレーション／セルオートマトンを使ったシミュレーション／乱数を使った確率的シミュレーション／エージェントベースのシミュレーション

《このような方にオススメ！》
初級プログラマ・ソフトウェア開発者／情報工学科の学生など

### Pythonによる機械学習入門

機械学習の入門的知識から実践まで、
できるだけ平易に解説する書籍！

株式会社システム計画研究所 編
A5判／248ページ／定価(本体2600円【税別】)

山内 長承 著／A5判／256ページ／定価(本体2500円【税別】)

### Pythonによるテキストマイニング入門

インストールから基本文法、ライブラリパッケージの使用方法まで丁寧に解説！

---

もっと詳しい情報をお届けできます．
◎書店に商品がない場合または直接ご注文の場合も右記宛にご連絡ください。

**ホームページ** https://www.ohmsha.co.jp/
**TEL/FAX** TEL.03-3233-0643 FAX.03-3233-3440

(定価は変更される場合があります)

## 好評関連書籍

# 統計学図鑑

栗原伸一・丸山敦史 [共著]
ジーグレイプ [制作]

A5判／312ページ／定価(本体2,500円[税別])

## 「見ればわかる」統計学の実践書！

本書は、「会社や大学で統計分析を行う必要があるが、何をどうすれば良いのかさっぱりわからない」、「基本的な入門書は読んだが、実際に使おうとなると、どの手法を選べば良いのかわからない」という方のために、基礎から応用までまんべんなく解説した「図鑑」です。パラパラとめくって眺めるだけで、楽しく統計学の知識が身につきます。

# 数学図鑑
〜やりなおしの高校数学〜

永野 裕之 [著]
ジーグレイプ [制作]

A5判／256ページ／定価(本体2,200円[税別])

## 苦手だった数学の「楽しさ」に行きつける本！

「算数は得意だったけど、
　数学になってからわからなくなった」
「最初は何とかなっていたけれど、
　途中から数学が理解できなくなって、文系に進んだ」

このような話は、よく耳にします。本書は、そのような人達のために高校数学まで立ち返り、図鑑並みにイラスト・図解を用いることで数学に対する敷居を徹底的に下げ、飽きずに最後まで学習できるよう解説しています。

---

もっと詳しい情報をお届けできます。
◎書店に商品がない場合または直接ご注文の場合も右記宛にご連絡ください。

**ホームページ** https://www.ohmsha.co.jp/
**TEL／FAX** TEL.03-3233-0643　FAX.03-3233-3440

（定価は変更される場合があります）

F-1802-237